电子技术基础实验

DIANZI JISHU
JICHU SHIYAN

黄进文 ◎ 主　编

王佳斌　孔　曦 ◎ 副主编

化学工业出版社

·北京·

内容简介

本书是针对高等院校本科电子技术基础实验课程的教材。全书分为 6 章，内容包括电子电路的测量、常用实验仪器、焊接技术、Multisim 的仿真应用、模拟电子技术实验与数字电子技术实验等。

本书可作为高等院校电气、电子信息、计算机、机电一体化等专业的实验教材，也可作为电子设计竞赛和开放性实验的实践教材。

图书在版编目（CIP）数据

电子技术基础实验 / 黄进文主编；王佳斌，孔曦副主编. --北京 ：化学工业出版社，2024.9. --ISBN 978-7-122-46401-9

Ⅰ．TN-33

中国国家版本馆 CIP 数据核字第 2024JT1656 号

责任编辑：宋　辉　于成成
文字编辑：袁玉玉　袁　宁
责任校对：宋　玮
装帧设计：王晓宇

出版发行：化学工业出版社
　　　　　（北京市东城区青年湖南街 13 号　邮政编码 100011）
印　　装：河北延风印务有限公司
787mm×1092mm　1/16　印张 10¼　字数 248 千字
2025 年 1 月北京第 1 版第 1 次印刷

购书咨询：010-64518888
售后服务：010-64518899
网　　址：http://www.cip.com.cn
凡购买本书，如有缺损质量问题，本社销售中心负责调换。

定　　价：38.00 元

前言

实验课是工科教学中的重要环节,通过实验,学生可以加深对理论知识的理解和掌握,培养分析问题和解决问题的能力,提高动手能力并将理论和实践结合起来。开设"电子技术基础实验"课程的主要目的是使学生巩固和深刻理解所学理论知识,学习电子电路的基本实验技术,提高实践创新能力。

本课程帮助学生具备以下基本能力:熟悉常用电子测量仪器的性能、工作范围和工作条件,并熟练掌握其使用方法;了解并掌握各种电子元器件的性能,学会查阅各种有源、无源元器件手册,做到根据实际需要,正确合理选择电路元器件;能够看懂并理解实验电路图的原理,了解其构成及每个元器件在电路中的作用,能对电路元件通电以后的工作状态有定量的估计;学会整齐并合理布线,选择正确的接地端,能够独立排除故障;初步了解工艺装配对电子产品质量的重要性;具备自行拟定实验步骤、检查与排除一般故障、分析实验结果并撰写实验报告的能力;初步具备电路设计能力。

实验课要求每个学生独立思考、勤于总结,掌握电子实验中规律性的东西,并通过实践逐渐锻炼培养实际工作能力。本书是课程配套教材,结合本科院校实际,以实用性为目标,从基本实验到综合设计循序渐进,较全面地反映了电子技术课程的实验教学内容。为了达到预期的教学效果,要求学生在实验课开始前预习教材,并根据实验题目及时查阅相关基本理论知识;做实验时仔细看清实验内容及提示,在规定的时间内一项一项地完成实验内容,做好原始记录;实验结束后认真撰写实验报告。

本书由黄进文担任主编,王佳斌、孔曦为副主编,刘建军、刘有菊参与编写。本书得到云南省闻邦椿院士工作站资助。在本书编写过程中,保山学院工程技术学院领导提供了大量支持,在此致谢。

由于时间仓促和编者水平有限,书中难免存在不足,敬请读者批评指正。

编　者

目录
CONTENTS

第 **1** 章

电子电路的测量

1.1 概论

1.1.1 测量的基本概念

测量是人类对自然界的客观事物取得数量概念的过程。在此过程中，常常借助测量设备（包括仪器仪表、元器件及辅助设备等）确定被测对象的量值，并将被测量与单位量直接或间接比较，取得用数值和单位共同表示的测量结果。所以测量结果必须由比较后的数值和用作比较的单位两部分组成，例如用米尺测量物体的长度，求出被测物的长度是多少米。

电子测量技术是根据电磁现象的基本规律，使用电工仪器仪表对各种电磁量进行的测量。电子电路的测量主要包括以下几个方面：

① 电磁能量的测量。如测量电流、电压、电功率、磁通量等。

② 电信号特性测量。如信号波形、频率、相位、脉冲参数、幅度值、信号频谱、信噪比等。

③ 元件及电路参数的测量。如电阻、电感、电容、电子器件（晶体管、场效应管）、集成电路、电路的频谱特性、带宽、增益等的测量。

1.1.2 电子测量的一般问题

1.1.2.1 测量方法的分类

（1）直接测量、间接测量与组合测量

① 直接测量。它是将被测量与作为标准的量比较，不需要经过运算，就能直接从实测数据中得到测量结果的方法。如用直流电压表测量放大器的直流工作电压，欧姆表测量电阻等。

② 间接测量。它是通过测量一些与被测量有函数关系的量，然后根据其函数关系通过计算而获得被测量值的测量方法。如测量电阻上消耗的功率 $P = VI = I^2 R = V^2 / R$，可以通过

直接测量电压、电流或测量电流、电阻等方法而求出功率 P。又如测放大器的增益 $A_v = V_o / V_i$，一般是分别测量放大器的输入电压 V_i 和输出电压 V_o，然后计算出 A_v 的值。

③ 组合测量。它是在利用直接测量与间接测量两种方法得到的数据基础上，通过联立求解各函数关系式来确定被测量的大小。这种方法主要是针对相对复杂系统以及多参数的测量，一些大型的分析仪器都采用这种方法进行测量。

（2）仪表的测量方式

① 直读式测量。它是用直接显示被测量数值的仪表进行测量，在指示仪表上读出测量结果的方法。如用电压表测电压。这种方法是根据仪表的读数来判断被测量的大小。直读式测量操作方便，设备简单，得到广泛运用，但由于仪表的接入可能对电参数产生影响，它的测量准确度低，一般不能用于高准确度的测量。

② 比较式测量。比较式测量是将测量值与标准量进行比较而获得测量结果的方法。使用比较式测量要比直读式测量过程复杂，一般测量准确度要高些，常用于较为精确的测量。电桥就是典型例子，其利用标准电阻（电容、电感）对被测量进行测量。

由上述可见，直接测量与直读式测量，间接测量与比较式测量并不相同，二者互有交叉。如用电压表、电流表测量功率，是直读式测量，但属于间接测量；又如电桥测电阻，是比较式测量，但属于直接测量。根据测量方式，测量还可以分为自动测量和非自动测量；从测量准确度上看，测量可分为工程测量和精密测量。

1.1.2.2 测量误差

电子测量的目的是求得某一物理量的真值，但由于各种因素的影响，任何物理量的真值都是无法得到的，测得的只是某物理量的近似值，此近似值与真值的差值称为测量误差，简称误差。误差的产生是不可避免的，分析误差产生的原因，进而采取措施减小误差才能得到准确的测量数据。下面就几种误差分别进行介绍。

（1）仪器误差

仪器误差是由测量仪器（包括实验设备）本身的电气性能或力学性能不完善而产生的误差。仪器误差又分为基本误差和附加误差两类。基本误差是指仪表在规定的工作条件下进行测量时产生的误差，它主要是由仪表的设计原理、结构条件和制造工艺不完善引起的。规定的工作条件是指：仪器经过调整，使用时零点是校正好的；符合仪器的摆放要求；环境温度和湿度在仪器允许的范围之内；没有地磁场以外的磁场干扰。例如，对于测量交流信号的仪器，被测信号必须是交流信号，且其频率在仪器的工作频段内。附加误差是除基本误差外，由仪器不按规定条件使用所带来的误差，比如温度过低、要求水平放置但没放在水平面上等。

（2）使用误差

使用误差又称操作误差，是测量过程中由人为操作不当所引起的误差。误差的大小随测量者的不同而不同，跟人的习惯等都有关系。例如，人读数时的姿势及判断能力的大小等。减小使用误差的方法是测量前要先熟悉仪器设备的使用方法，严格遵守操作规程，经过必要的训练提高基本操作技能技巧。

（3）方法误差

方法误差又称理论误差。测量过程中所用到的理论总是存在一些假设的成分，比如用户把某些本是非线性的被测量当成线性量来处理，这就会引起误差。这种误差就称为方法误差。如果能找到更精确的拟合方法或采用适当的补偿就可以减小这种误差。

1.1.2.3　测量误差的表示方法

误差的存在是不可避免的，它有以下几种表示方法。

（1）绝对误差

绝对误差表示仪器指示的测量数值 A 和被测量的真值 A_0 之间的差值，表示成 $\Delta A = |A - A_0|$。A_0 这个真值一般无法测得，工程上往往用多次测量的均值或理论值来表示该值。

例如被检测的一个电压的真值为 2.56V，但测试结果是 2.50V，绝对误差 $\Delta U = 2.56V - 2.50V = 0.06V$。

（2）相对误差

绝对误差只能反映测量值与实际值之间的差值，却无法反映误差对测量值可靠性影响的大小，因此需要引入相对误差的概念。相对误差 $\gamma = \Delta A / A_0$，对于上例，$\gamma = 0.06/2.56 = 2.34\%$，说明这个测量值与实际值相差不太大，即准确度比较高。

在误差表示的时候，绝对误差和相对误差表示同一个问题的两个方面，可以同时使用。

（3）基本误差

相对误差通常用来说明测量结果的准确度，衡量测量结果和被测量实际值之间的差异程度，但不足以评价测量仪器的准确度。因为仪器所产生的误差基本上不随被测量大小的变化而变化，即在一个量程中，绝对误差值 ΔA 基本不变，而 A 的值可能会有很大变化，从而导致相对误差有很大不同。为了正确反映仪器的性能，引入基本误差的概念。基本误差定义为

$$\gamma_n = \frac{\Delta A}{A_m} \times 100\%$$

式中，A_m 是仪器的满量程值，它是评价仪器准确度的标准。表 1.1.1 是仪器准确度等级和基本误差之间的对应关系。通常，在仪器的刻度盘上都会注明该仪器的基本误差（有时又被称为仪器误差）。这是厂家在最不利的情况下获得的仪器最大误差，当需要考虑基本误差的影响时，计算所得的引用误差应大于所使用仪器的引用误差。

表 1.1.1　仪器准确度等级和基本误差之间的对应关系

项目	仪器的准确度等级						
	0.1	0.2	0.5	1.0	1.5	2.5	5.0
基本误差/%	±0.1	±0.2	±0.5	±1.0	±1.5	±2.5	±5.0

从得到的数据看，采用一个等级高（准确度高）的电表所测得的数据反而不如采用一个等级低（准确度低）的电表测得的数据更准确。之所以会产生这样的结果，是因为这两个表的满量程不一样，因此，在使用一般指针式的仪表时，尽量使被测量的数值在满刻度的 2/3 以上。

1.1.2.4　测量数据的处理

（1）有效数字及数字的舍入

在对测量的数据进行记录时，并非小数点后面的位数越多越精确。由于在测量、计算中不可避免地存在误差，多次测量的平均值也存在误差，而不可能等于真值，只能取得近似值。因此用近似值恰当地表示测量结果，就涉及有效数字的问题。

测量的数据由可靠数字和欠准数字两部分组成，两者合起来称为有效数字。比如在测量电压时，测量结果可以记为 6V，也可以记为 6.00V。从数值上看，它们似乎无区别，但从测量的意义来看，它们有根本的不同。记为 6V 表示 6V 以后小数点的数量是没有测出的量，它们完全可能不是"0"。而 6.00V 表明 6V 以后的两位小数测量到了，而且第一位确实是"0"，是准确的，第二位为欠准数。由此可见，对测量结果的数字记录应有严格要求，在测量中应判断哪些数应记或哪些数不应记。有误差的那位数字以左的各位数字均为准确数字，应该记；而有误差的位是欠准确的，也应记；误差位以右的数字都是不确定的数，不应该记。因此在测量中，称从最左一位非零数字起，到含有误差的那位欠准数字为止的所有各位数字为有效数字。例如，测量电流，记录其值为 1000mA，是四位有效数字，若以 A 为单位记录此数，应为 1.000A，不能写成 1A，因为 1A 只有一位有效数字，而实际测量精度达到四位有效数字。又如测量电压，记录其值为 0.0082V，只有 82 两位有效数字，前面的"0"不算有效数字。

从以上的例子总结出用有效数字记录测量结果时应注意：

① 用有效数字来表示测量结果时，可从有效数字的位数估算出测量的误差。一般规定误差不大于末位单位数字的一半。例如，测量结果为 1.000A，末位单位数字为 0.001A，单位数字的一半为 ±0.0005A，因测量误差可为正或负，因此 1.000A 的测量误差为 ±0.0005A。由此可见，记录测量结果有严格的要求，少记会带来附加误差，多记则会夸大测量精度。要根据测量精度的要求来记录测量结果的有效数字位数。

② "0"在数字中间和数字末尾都算为有效数字，而在数字的前头不算是有效数字。以上例为例，在数字左边的"0"不是有效数字，而数字中间和右边的"0"都是有效数字。特别是右边的"0"，它表示测量的准确度。上例中的 1000mA 或 1.000A 说明测量误差达到 ±0.0005A，若测量误差是 ±0.005A，那就只能记为 1.00A。

③ 有效数字不能因采用单位改变而增或减。如上例中，1.000A 是以 A 为单位，若用 mA 为单位记为 1000mA，二者均为四位有效数字；又如，若一测量结果为 1A，它是一位有效数字；若以 mA 为单位，不能记为 1000mA，因为 1000 是四位有效数字，这样记会夸大测量精度，只能记为 $1×10^3$mA。它仍为一位有效数字。总之，单位改变时，有效数字位数不应改变。

对于通过各种计算获得的数据，当需要 n 位有效数字时，那么第 $n+1$ 位及以后的数字都应舍去。若采用古典的"四舍五入"不会产生较大的累计误差，即"小于 5 舍，大于 5 入，等于 5 时采用偶数法则"。也就是说，以保留有效数字的末位设为 n 位为基准，它后面的数为 $n+1$ 位，该位大于 5 时，第 n 位数字加 1；小于 5 时舍去，即 n 位数字不变；恰好等于 5 时取偶数，即第 n 位原为奇数时加 1，原为偶数时不加，若 5 的后面还有不为 0 的任何数，则此时无论 5 前面是奇数还是偶数，均应进位。

例如：将下列数字保留 3 位有效数字。

68.68→68.7	（$n+1$ 位大于 5，n 位加 1）
46.251→46.3	（$n+1$ 位等于 5，$n+1$ 位后数字为 1，n 位加 1）
37.045→37.0	（$n+1$ 位小于 5，n 位不加）
48050→480×10^2	（$n+1$ 位等于 5，n 位为偶数，n 位不加）

（2）有效数字的保留

① 加、减运算　首先对各项进行修约，使各数保留的小数点的位数与所给各数中小数点后位数最少的相同，然后再进行运算。例如，求 214.25、42.945、0.035、5.405 四项之和。

214.25	→	214.25
42.945	→	42.94
0.035	→	0.04
5.405	→	5.40
+		262.63

② 乘、除运算　同样，首先对各项进行修约，以有效位数最少的为标准，所得积和商的有效数字位数应与原有效数字位数最少的那个数据相同。

例如，求 0.0121×25.635×1.05672 的值。

解：其中 0.0121 为 3 位有效数字，位数最少，对另外两个数字进行处理：

$$25.635 \quad → \quad 25.6$$
$$1.05672 \quad → \quad 1.06$$
$$0.0121×25.6×1.06= 0.3283456 \quad → \quad 0.328$$

若在有效数字位数最少的数据中，其第一位有效数字为 8 或 9，则有效数字位数应多记一位。例如上例中的 0.0121 若改为 0.0921，则另外两个数据应采取 4 位有效数字，即

$$25.635 \quad → \quad 25.64$$
$$1.05672 \quad → \quad 1.057$$

在使用数字式仪表时，由于数字式仪表通常是将测量数据以十进制数字显示出来，所以可以直接读出被测量的数值并予以记录。需要注意的是，在使用数字仪表时，若量程选择不当则会丢失有效数字，降低测量精度。

1.2　电压测量方法

测量电压的方法主要取决于电压的类型和所需的测量精度，要根据被测电压的性质（直流或交流）、工作频率、波形、被测电路阻抗、测量精度等，来选择测量仪表（如仪表量程、阻抗、频率、准确度等级）。

（1）直接测量法

常见的电压分为直流电压和交流电压，测量方法各有不同。用模拟指针式电压表，可以直接测量交、直流电压的各主要参数。如磁电系仪表可以测量直流或周期变化的交流平均值，电磁系或电动系仪表可以测量交流电流的有效值，也适用于低频交流电流或电压测量。

测量时，考虑电表输入阻抗、量程、频率范围，尽量使被测电压的指示值在仪表量程的 2/3 以上。这样可以减少测量误差。

（2）比较测量法-示波器测量法

示波器测量法适用于测量各种波形和频率的交流电压。比较测量法是用已知电压值（一般为峰-峰值）的信号波形与被测信号电压波形比较，并算出电压值。

将示波器的 VOLTS/DIV（伏/格）微调和扫描时间 SEC/DIV（时间/格）微调旋钮均置于最右端的校准位置，荧光屏显示的信号如图 1.2.1 所示。

波段开关 VOLTS/DIV（伏/格）位置在 1V 正弦信号的峰值电压（V_p）为

$$1.0V / div \times 2.0div = 2V$$

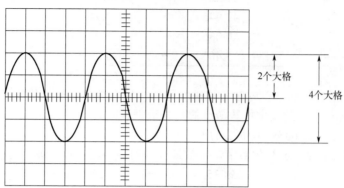

图 1.2.1　交流电压测量图

正弦信号峰-峰值电压（$V_{p\text{-}p}$）为

$$1.0V / div \times 4.0div = 4V$$

正弦电压的有效值为

$$V = V_p / \sqrt{2} = V_{p-p} / 2\sqrt{2} = 1.414V$$

非正弦的脉冲信号电压，一般不能用毫伏表来测量，而采用示波器显示与测量（方法同测正弦交流电压一样）。

1.3　阻抗测量

阻抗是指电路或器件对交流电流的抵抗程度，它是电路分析和设计中非常重要的参数之一。阻抗可以用来描述电路中的电阻、电感和电容等元件的特性，因此在电子工程、通信工程、生物医学工程等领域都有广泛的应用。

交流阻抗测量是指利用测量仪器对电路或器件的阻抗进行测量和分析。在交流情况下，有

$$Z = \frac{E}{I} = R + jX$$

下面介绍在模拟电路中的低频条件下，有源二端网络（如放大器）输入电阻 R_i 和输出电阻 R_o 的测量方法。

（1）替代法测输入电阻 R_i

替代法测量电路如图 1.3.1（a）所示。将被测有源二端网络的输入电阻等效为 R_i，当开关 K 置"a"点时，测量①、②两端电压为 V_i 值；当开关 K 置 b 点时，调电位器 R_w 使①、②两端电压仍为 V_i 值，则 R_w 的值就等于输入电阻 R_i 值。

（2）换算法测输入电阻 R_i

换算法测量电路如图 1.3.1（b）所示，在信号源与被测有源二端网络（如放大器）之间串联已知电阻 R，用毫伏表分别测出电阻 R 两端对地的电位 V_s 和 V_i 值，则

$$R_i = \frac{V_i}{V_s - V_i} R = \frac{R}{V_s / V_i - 1}$$

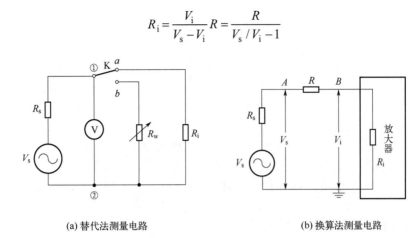

(a) 替代法测量电路　　　　　　　　(b) 换算法测量电路

图 1.3.1　输入电阻 R_i 的测量

注意：应选 R 与 R_i 为同一数量级。若 R 过大，易引起干扰，若 R 过小，测量误差较大。

（3）换算法测量输出电阻 R_o

用换算法测有源二端网络（如放大器）输出电阻 R_o 的测量电路如图 1.3.2 所示。

先将开关 K 置于 a 点，用毫伏表直接测出负载开路时的输出电压 V_o，然后将开关 K 置于 b 点，测出电路带负载时负载上的电压 V_{oL}，通过计算得到二端网络的输出电阻。

$$R_o = \left(\frac{V_o}{V_{oL}} - 1 \right) R_L$$

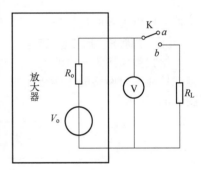

图 1.3.2　换算法测输出电阻 R_o

1.4　增益及幅频特性的测量

增益是放大器的一个基本功能，是放大器的输出信号与输入信号的比值。一个有源网络的电流、电压和功率的增益表示为

$$A_i = I_o / I_i$$
$$A_v = V_o / V_i$$
$$A_p = P_o / P_i = A_i A_v$$

电压增益 A_v 一般用来描述小信号放大器的工作特性，功率增益 A_p 通常用于描述大信号放大器。电子学早期应用于通信领域，大部分电路的有效输出是供给耳机或扬声器的，人类的听觉对强度的响应呈对数关系。因此在通信系统测试中，往往是用分贝（dB）来表示电压比或功率比，所以网络增益又可以表示为

$$G_i = 20\lg\frac{I_o}{I_i}$$

$$G_v = 20\lg\frac{V_o}{V_i}$$

$$G_p = 10\lg\frac{P_o}{P_i}$$

由于放大器中的三极管及电容等元器件的参数决定了放大器对频率的"敏感性"，频率过高或者过低都会出现增益改变和相位偏移的问题。所以需要放大器的频率和增益的关系——幅频特性。电路的幅频特性即电压增益和频率之间的关系，是一个与频率有关的量。

（1）逐点法测量幅频特性

在保持输入电压信号值不变的情况下（用毫伏表或示波器监视），逐点改变输入信号的频率，用毫伏表或示波器分别测出不失真时的输出电压值，分别计算对应于不同频率下的电压增益 $A_v = V_o/V_i$，即可得到被测网络的幅频特性。这种方法测量速度慢，不能测量动态频率特性，所以更多的是用扫频法测量频率特性。

（2）扫频法测量幅频特性

用扫频仪测量网络的频率特性曲线是目前广泛应用的方法，这种测量方法速度快，又能直观地显示出网络的幅频特性曲线。扫频仪的工作原理方框图及各点波形分别如图 1.4.1、图 1.4.2 所示。

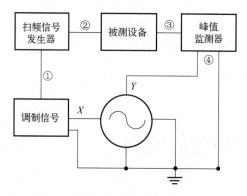

图 1.4.1　扫频测量框图

图 1.4.1 中的扫频信号发生器实质上为调频信号发生器，它由调制信号控制，按调制信号的规律改变其频率，而幅度保持恒定不变。调制信号和扫频信号如图 1.4.2 中的①、②所示。将扫频信号加到被测设备的输入端，被测设备输出电压和频率的关系即为频率特性。如被测设备是选频放大器，则其输出波形如图 1.4.2 中的③所示。该输出经扫频仪的峰值检波器检出包络，如图 1.4.2 中的④所示，将此信号送至示波器 Y 轴方向显示被测设备的输出电压幅度。而示波器的 X 轴方向即为频率轴。所以加到示波器 X 轴偏转板上的电压应与扫频信号频率变化的规律一致，这样示波器屏幕上才能显示出清晰的幅频特性曲线。

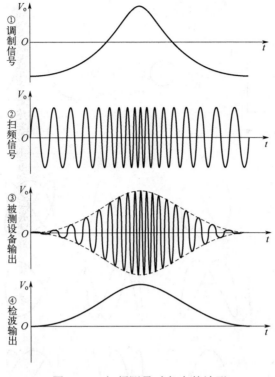

图 1.4.2　扫频测量时各点的波形

1.5　频率和时间的测量

频率是单位时间内完成周期性变化的次数，是描述周期运动频繁程度的量。在电子技术领域内，时间频率也是测量的基本参数。

（1）频率的测量

频率的测量方法分为直读法、比较法、计数法等，目前电子计数器测频具有很高的测量准确度。以下介绍几种常用的测频方法。

① 谐振法（直读法）测频率　测量电路如图 1.5.1 所示，由 L、C 和一高频电流表组成串联谐振电路。调节可调电容 C 使电流表指针偏转达到最大，此时电路产生谐振，谐振时被测信号频率 f_x 为

$$f_x = f_0 = 1/(2\pi\sqrt{L'C})$$

式中，L' 为串联回路的等效电感。谐振法一般用于测量较高的频率。测得的频率值可从与谐振电容 C 相关的刻度盘上读出。

② 比较法测频率（示波器法）

a. 李萨如图法测频率。李萨如图法是用于测一个已知频率正弦信号源与另一未知频率正弦信号源的频率比，从而达到测量未知信号源频率的目的。用双踪示波器，将扫描时间/分度开关置 X-Y 模式，于是 CH1 为 Y 轴，CH2 为 X 轴。将标准信号接 CH1，被测信号接 CH2，

在示波器屏幕上显示如图 1.5.2 所示的李萨如图，此测频法适用于低频测量。

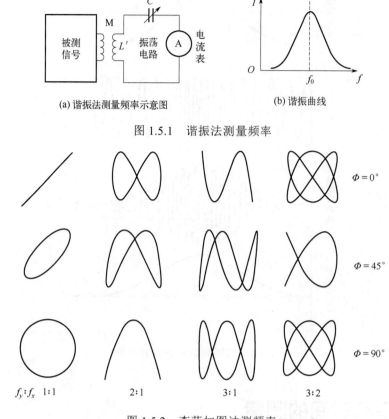

(a) 谐振法测量频率示意图　　　　(b) 谐振曲线

图 1.5.1　谐振法测量频率

图 1.5.2　李萨如图法测频率

图 1.5.2 中被测信号为 f_x，标准信号为 f_y（可调）。计算式为

$$\frac{f_y}{f_x} = \frac{\text{水平线与李萨如图的最多切点}}{\text{垂直线与李萨如图的最多切点}}$$

根据实验得出的李萨如图形，可以计算得到两信号源的频率比。

两个相同频率的正弦波，通过示波器的 X-Y 模式，输出在示波器得到的不同李萨如图形，不同的相位差得到的图形也不相同。图 1.5.3 显示两个同频正弦信号之间的相位差从 0°～360° 变化时，李萨如图形的变化规律。通过分析李萨如图形的形状，还可以确定两个信号的相位差。

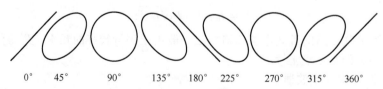

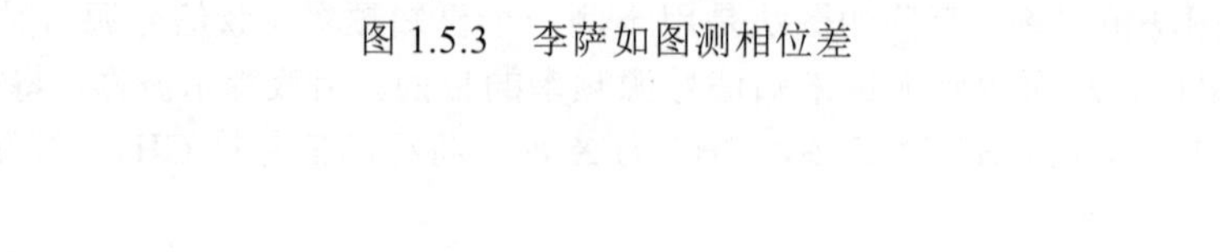

0°　　45°　　90°　　135°　　180°　　225°　　270°　　315°　　360°

图 1.5.3　李萨如图测相位差

b. 周期法测频率。因为频率和周期互为倒数关系，即 $f = 1/T$，在要求不太高的场合，可以采用示波器直接测信号的周期 T，如图 1.5.4 所示。

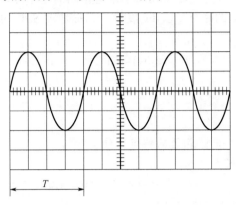

图 1.5.4　周期法测频率

若扫描时间/分度为 5ms/div 挡，则被测信号频率为

$$f = \frac{1}{5\text{ms}/\text{div} \times 4\text{div}} = \frac{1}{20\text{ms}} = 50\text{Hz}$$

应当注意：在使用示波器分度测量读数时，扫描时间/分度的微调旋钮位置，应置于最右侧校准位置。

③ 计数法测频率（电子计数器）　电子计数器是显示单位时间内通过被测信号的周期个数来实现频率的测量。被测信号的频率为

$$f_x = \frac{N}{T}$$

式中，N 为在时间间隔 T 内被测信号重复变化的次数，即计数器的读数；T 为时基信号周期，即计数器的单位计数时间。数字频率计就是根据上述原理制成的。数字式频率计是目前测量频率、周期及时间间隔等参数最常用的电子仪器。它既具有较高的测量精度，又有直观、快速的特点，在目前的电子测量中，频率的测量精确度最高。

（2）时间的测量

在科学技术各个领域中，时间的测量也是十分重要的。在电子技术应用中，经常遇到周期、时间间隔的测量。周期的测量实质上是时间间隔的测量。在一个周期信号波形上，同相位（即相位差为 2π）两点之间的时间间隔，一般可以采用示波器法测量。

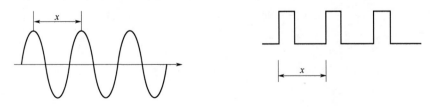

图 1.5.5　示波器测时间

周期信号波形如图 1.5.5 所示。如果将示波器扫描时间/分度微调（顺时针）调至右端校

准位置，信号波形在一个周期内占水平距离的分度数，乘以对应的扫描时间/分度即可得到被测信号周期。正弦波信号可取两个峰顶或两个方向相同的过零点，脉冲波可取两个变化相同的突变点，读取该两点之间的距离 x 以 div 度量，扫描速度 S_x 以时间/div 度量，测得信号周期为

$$T_x = x(\text{div}) / S_x(\text{时间} / \text{div})$$

 思考与练习

① 什么叫做电子测量？电子测量的特点是什么？

② 测量误差分为哪几种？

③ 有一个真值为 220V 的电源，用一个量程 250V 1.0 级和一个量程 600V 0.5 级的电压表测量。求对应的最大相对误差是多少？

第2章

常用实验仪器

2.1 电子仪器的基本知识

实验仪器的使用是学生必须掌握的基本技能。学生需要了解仪器的主要性能指标，掌握仪器的使用方法和注意事项。要正确地使用仪器，必须要了解仪器使用过程中的一般规则和常识，如果不遵守这些规则，则可能在某些场合或某些情况下会得到明显的错误结果。

（1）仪器设备的阻抗

信号源一类的仪器，其输出阻抗都是很低的，一般在低频测量中，阻抗匹配显得不太重要。大多数情况是被测电路的输入阻抗比信号源的输出阻抗大得多。对信号源而言，在高频情况下，一般是对阻抗匹配要求较高，否则反射波的影响，会导致耦合到被测电路上的信号幅度与馈线的长短有关，从而会造成耦合到被测电路输入端的信号幅度与信号源上的指示值不同，测量结果不正确。电流表本身的电阻（通常叫电流表的内阻）一般都很小，对电路几乎没有影响，在一般电路测量中经常忽略不计。电压表（例如晶体管毫伏表）或示波器一类的从被测电路上取得信号来测量的仪器，一般的输入阻抗都较高，典型值为1MΩ。之所以它们阻抗要做得较高，是因为这样可以使得它们对被测电路的影响较小。但是，当被测电路的输出阻抗大到与它们的输入阻抗相近时，仪器的输入阻抗对被测电路的影响就变得显著了，这时测量结果往往会不准确。

（2）避免仪器的损坏

在仪器的使用中，不正确的操作将会造成对仪器的损坏。对于信号源一类的仪器，不能随便将其输出端短路。尽管对于信号源的电压输出端子来说，将其输出端短路一般并不会损坏仪器，但是也应该养成不随便将输出端短路的习惯。实验室里使用的直流稳压电源，一般都具有保护电路，短时间的短路通常并不会损坏仪器。但是，即使没有损坏，由于短路时稳压电源内部处于一种高功耗状态，时间长了也可能受不了，尤其是散热不良时更是如此。而对于功率输出的信号源或信号源的功率输出端子，更不能将其输出端短路，否则就意味着仪器的损坏。电流表具有一定的额定电流，超过额定电流将导致过载。在测量前，要确保待测电路中的电流不超过电流表的额定电流。如果超过了额定电流，需要选择更大的电流表或采取其他措施，以避免电流表的损坏。

电压表或示波器一类的仪器，要注意耦合到其输入端上的电压不可超过其最大允许值。这类仪器一般并不会因此而损坏，因为它们输入端的最大允许值往往较大，很少有耦合到其输入端的电压达到超过其输入端最大允许的情况。但是对于频率计就不同了，很多频率计能够工作在 1000MHz 的频率上，而为了达到这么宽的频率范围，其前级电路放大器中必须使用高频小功率管。这些频率计的耐压值不大，而由于某种原因要工作在如此高的频率上，故不容易在其输入端设置保护电路，因此只要在其输入端馈入稍大的电压，就极易导致前级电路中功率管的损坏，从而造成仪器的损坏。

（3）探头与馈线

每个仪器都有自己的探头或馈线。有的仪器（例如衰减器、检波器等）探头里含有某种电路，这种仪器探头一般不能与别的仪器探头互换。在低频测量中，探头或馈线的使用不是那么严格，但在高频测量中，探头或馈线的使用就要严格得多。首先是匹配问题。例如扫频仪扫频输出端的馈线有两种：一种是没有匹配电阻的，另一种则是有匹配电阻的。使用时要根据被测电路输入阻抗来确定用什么馈线。对任何仪器，在高频测量中都不能用任意的两根导线来代替匹配电缆的使用。另外，有的馈线或探头针较短，这是因为高频测量中不能使探头的探针过长，否则会影响测量结果，故不可随意使得探头加长。但在低频（例如1MHz以内）测量中，探头加长一些对测量结果的影响不大。

在稳压电源的使用中，其馈线就是一般的导线。但是，如果用稳压电源给高频电路供电，由于较长的导线在高频上呈现出较大的感抗，这就会导致电源内阻增加（稳压电源的高频内阻本来就比低频内阻大得多，其内阻指标是指低频内阻），为了降低馈线对电源实际内阻的影响，往往需要在被测电路的电源端并联上去耦的小容量电容。这对于要求稍高的电路（例如较高频率稳定度的振荡器）是必要的。

2.2 直流电源与万用表

2.2.1 直流电源

各种电子线路均需要加电源供电，直流电源是电路调试和设备维修中不可缺少的电子设备。在输出形式上分为直流电压源和直流电流源。绝大多数电路需要直流稳压电源，但市电电源供给的是有效值为220V、频率为50Hz的正弦交流电，一般需要对它进行一些处理，才能给电子线路供电。首先，需要用整流滤波电路将交流电变为直流电；其次，整流滤波后的电压会随着市电电压或负载的变化而变化，这种变化可能会使得电子设备不能正常工作，因此还需要有稳压设备将整流电压稳定在一定的范围内。直流稳压电源就是完成上述两项任务的设备。

（1）简易直流电源

常用的简易直流电源包括电压源和电流源两种，它们都是将220V/50Hz的交流电变换成直流电，而且设置了步进调节和微调，以及保护等功能，作为理想电压源和电流源使用。如图 2.2.1 所示为实验台上的一组简易稳压源和简易恒流源。简易稳压源有两路输出，输出电压均为 0～30V 连续可调；简易恒流源有 2mA、20mA 和 500mA 共 3 挡，可以输出 0～500mA 连续可调的直流电流。

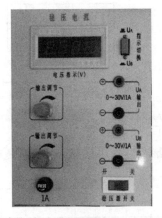

(a) 简易稳压源　　　　　　　　　(b) 简易恒流源

图 2.2.1　实验台上的简易直流电源

简易电源使用非常方便，由于是简易电源，使用时应注意以下问题。使用电压源要防止输出短路或严重过载，当电压表显示突然下降或设备报警时，表示电流过大或短路，应立即关闭电源，排除故障后再接通，以防止损坏电压源。恒流源输出端开路时，电流表显示值为零，接上负载后才能显示电流输出。切换恒流源的输出挡位之前，应先将负载去掉或将恒流源输出细调旋钮逆时针调至最小，以免换挡时电流增加而损坏负载。

（2）典型的直流稳压电源

典型的直流稳压电源一般有多路输出和不同工作模式。下面以 SS1792F 型可跟踪直流稳压电源为例，介绍稳压电源的面板结构及使用。图 2.2.2 为 SS1792F 型可跟踪直流稳压电源的前面板，功能说明如下：

1—电源开关：置"开"为电源开；置"关"为电源关。

2—调压：电压调节，调整稳压输出值。

3—调流：电流调节，调整稳压电源负载电流的最大值。

4—跟踪/独立：跟踪独立工作方式选择键。置独立时，两路输出各自独立；置跟踪时，两路为串联跟踪工作方式（或两路对称工作状态）。

5—I/V：表头功能选择键。置 I 时为电流指示；置 V 时为电压指示。

6、7—电源输出正、负接线端。

稳压电源输出工作方式有下面几种：

① 独立工作方式：将跟踪/独立工作方式选择开关置独立位置，即可得到两路输出相互独立的电源。

② 串联工作方式：将跟踪/独立工作方式选择开关置串联位置，并将主路负接线端子与从路正接线端子用导线连接，此时两路预置电流应略大于使用电流。

③ 跟踪工作方式：将跟踪/独立工作方式选择开关置跟踪位置，将主路负接线端子与从路正接线端子连接，即可得到两组电压相同的电源输出，此时两路预置电流略大于使用电流，电压由主路控制。

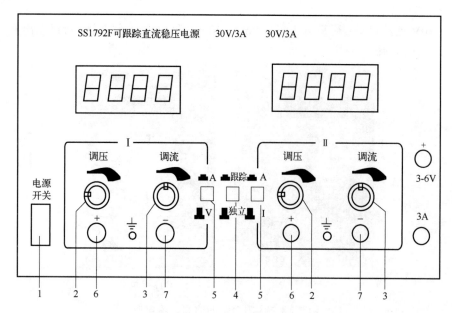

图 2.2.2　SS1792F 型可跟踪直流稳压电源前面板示意图

④ 并联工作方式：将跟踪/独立工作方式选择开关置独立位置，两路电压都调至使用电压，分别将正接线端子、负接线端子连接，便可得到一组电流为两路电流之和的输出。

在使用直流稳压电源时不要将电源线和电路连接后再打开电源开关，这样可能会因为电压或电流过大烧毁器件损坏电路；应该先打开直流稳压电源开关，将电压或电流调到所需要的数值后再与电路连接。

2.2.2　数字万用表

万用表是一种多用途的便携式测量仪表，主要用于测量直流电流、直流电压、交流电压和电阻等。此外万用表还能测交流电流、高频电平、电容、电感及晶体三极管电流放大倍数等，因此万用表可以间接检查各种电子元件的好坏，检查、调试大多数的设备。万用表使用灵活，操作简便，读数可靠，携带方便，用途广泛。近年来，随着数字集成电路技术的发展，数字万用表的使用日益广泛，数字万用表以其测量精度高、显示直观、速度快、功能全、可靠性好、小巧轻便、耗电量小以及便于操作等优点，已出现逐渐取代传统指针式万用表的趋势。

数字万用表是利用模/数（A/D）转换原理，将被测的模拟量转换成数字量，再经过计算和数据处理，以数字形式显示测量结果的测量仪表。它的显示位数和准确度是两个重要指标。实验室一般多选用 $3\frac{1}{2}$ 位和 $4\frac{1}{2}$ 位两种数字万用表，其中" $\frac{1}{2}$ "（即半位）是指它的显示器最高位只能显示"1"或不显示，不能像其他位那样显示 1～9 中的任一数字。例如 $3\frac{1}{2}$ 位显示的最大数为 1999 或-1999，具有较高准确度。一般来说，显示的位数多，准确度就高。但仪表显示的位数并不等于准确度，还与其他因素有关，所以同样的显示位数，准确度也有差别。

图 2.2.3　数字万用表面板结构

（1）数字万用表的面板

数字万用表的面板结构一般包括电源开关、输入插孔、LED 显示器、量程选择旋钮等部分。下面以图 2.2.3 所示的 DT-9205A 型数字万用表为例进行介绍。

① 电源开关按下接通电源。

② LED 显示器通常有显示极性的功能。若被测直流电压或电流极性为负时，其显示值前面出现"-"。超量程时显示"1"，小数点由量程开关同步控制。

③ 旋转式挡位及量程选择开关，根据被测量的项目和被测量的数值范围，选择相应的挡位和合适的量程。

④ 输入插孔有四个。"COM"为公共接地端，"VΩ"用于测量电压或者电阻，"mA"和"20A"分别为不同量程的两个电流测量输入插口。这里的"mA"和"COM"之间上标"Cx"的这组插口还可以用来测量电容器的容量。

⑤ 其他功能测试插孔还有标有"ECBE"的三极管测试插孔，可以用来测量三极管的直流电流放大系数。

（2）一般使用方法

① 直流电压（DCV）测量。通过量程转换开关进行测量功能和测量挡位的选择，有 200mV 到 1000V 五个量程的直流电压测量挡位。使用时，输入电压由测量插孔"VΩ"和"COM"对应的红表笔和黑表笔送入。两表笔并联在被测电路或器件两端，并使红表笔连接高电位端，黑表笔连接低电位端。此时显示屏上显示出相应的数值，如果电压超出量程，显示屏显示"1"字样，应换到高的一挡，直到得到合适的读数。

② 交流电压（ACV）测量。测量方法与直流电压测量大致相同。将转换开关旋到交流电压挡的一个挡位上，两表笔并联在被测端，表笔不分正负。数字表所显示的数值为测量端交流电压的有效值。

③ 直流电流（DCA）测量。将转换开关旋到直流电流挡的一个挡位上时，应将红表笔接入测量插孔"mA"，黑表笔接入测量插孔"COM"，两表笔应串联接入被测电路，红表笔为电流流入方向，黑表笔为电流流出方向。超量程时应注意换挡。

④ 交流电流（ACA）测量。将转换开关旋到交流电流挡的一个挡位上时，将红表笔接入测量插孔"mA"，黑表笔接入测量插孔"COM"，两表笔应串联接入被测电路。超量程时

应注意换挡。

⑤ 电阻测量。将转换开关旋到电阻挡的一个挡位上，红表笔接入测量插孔"VΩ"，黑表笔接入测量插孔"COM"，两表笔跨接并联在被测电阻两端，此时显示屏上显示出相应的电阻值，如果电阻超出量程，显示屏显示"1"字样，应换到高的一挡，直到得到合适的读数。当输入开路时，会显示超量程状态，这时只最高位显示"1"；当被测电阻≥1MΩ时，显示屏需数秒后方能稳定读数，这是正常现象。测量低阻值电阻时，可尽可能将电阻直接插入"VΩ"和"COM"，以避免测量长线引入的干扰而使读数不稳。

在使用万用表时，为避免可能的人员伤害，应遵循一定的规则。使用前仔细阅读说明书，熟悉面板结构和使用方法，养成单手操作习惯。测试时，万用表的红色表笔应接在表上标有测试项目的插孔，黑色表笔接在标有"COM"的公共端插孔，正确选择测量项目和挡位旋钮。测量电压时万用表应并联接入电路，在测量电流时万用表串联接入电路，选择量程应大于被测值。万用表更换电池时，应将测试表笔从仪表移走，当电池仓或仪表外壳部分没有盖紧或松开时，切勿使用仪表。当电池低电压标示符号出现时，应尽快更换电池，以免误读数而可能导致的人员伤害。

2.3 信号源与交流毫伏表

2.3.1 函数信号发生器

函数信号发生器简称信号源。它是为了模拟实际情况而设计的一种仪器，用于产生波形、频率、幅度可调的各种信号。如图 2.3.1 所示的 TH-SG10 型数字合成信号发生器，采用直接数字合成技术（DDS），具有频率稳定、分辨率高、幅度稳定等特点，可直接通过键盘或旋钮来输入数据和选择功能。

图 2.3.1　TH-SG10 型数字合成信号发生器

这款信号发生器不仅输出函数信号，还具有扫频、调频、频移键控、相移键控、输出直流偏置调节等功能。它的输出波形有正弦波、方波和 TTL 输出等；输出的频率范围是 1mHz～10MHz；空载时输出幅度为 $10mV_{p-p}$～$20V_{p-p}$，负载为 50Ω 时，输出幅度为 $5mV_{p-p}$～$10V_{p-p}$。

下面以 FG-506A 型函数信号发生器为例，讲述它的性能及使用方法。图 2.3.2 所示函数波形产生器前面板各部分的名称及功能如下：

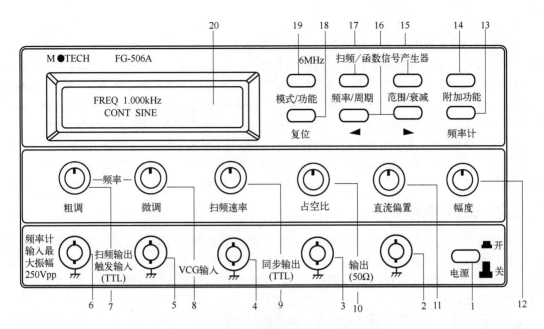

图 2.3.2　FG-506A 函数信号发生器面板图

1—电源开关：按下开机，再按关机。

2—输出：各种波形的输出。

3—TTL 输出：同步 TTL 输出端，输出从 2Hz 到 12MHz 的 TTL 信号。

4—VCG 输入：外加信号输入。

5—扫频输出/触发输入：扫描信号的输出端，也可用于触发输入。

6—频率计输入：可外接频率输入信号当作计频器使用，最大输入不可大于 250V/100MHz。

7—频率范围粗调：提供步进调节频率范围。

8—频率范围微调：适用于较小范围连续的频率微调。

9—扫频速率：扫频速率调整从 10ms 到 5s。

10—占空比：可改变输出波形的占空比。

11—直流偏置：调整输出波形的 DC（直流）值。

12—幅度：调整信号输出的振幅。

13—频率计：当外接频率输入时，按下此键，仪器自动调整计频范围。

14—附加功能：按此键进行附加功能的选择。

15—范围/衰减：按一次为 Rang（范围），再按一次为 attenuation（衰减），再用功能变换按钮以选择频率范围，或在三个衰减值中选一个。

16—左右切换键：向左或向右可以切换函数参数。

17—频率/周期：此按键可进行频率和周期的切换。

18—复位：按此键恢复到一开机时的连续正弦波状态。

19—模式/功能：按此键分别得到 Mode（模式）或 Func（功能）。每次按此键显示区中三角形改变方向。若显示为右三角，使用功能切换按钮可选择四个信号（正弦波、方波、三角波、DC）之一；若显示为左三角，使用功能切换按钮选择模式（CONT、TRIG、GATE、CLOCK）。

20—液晶显示：液晶显示器。

在将信号接入电路前，按要求调节信号产生器前面板相应的控制键，使信号产生器输出所需要的信号，输出信号时要注意输出信号的幅度。例如，要想用函数产生器输出一个频率为 2kHz、幅度为 3V 的方波，则应该先打开函数产生器电源开关，然后按左右切换键（16）在液晶显示屏上显示 SQUARE（方波）字样，即输出波形为方波；按范围/衰减键（15）后再按左右切换键（16）使液晶显示屏上显示"Range：2k-20k"字样，调整频率范围粗调（7）和频率范围微调（8）旋钮，将输出方波的频率调整为 2kHz；将函数产生器信号输出线与示波器相连，调整函数发生器幅度旋钮（12），用示波器读出输出方波的幅度为 3V。这样就可以使函数产生器输出一个频率为 2kHz、幅度为 3V 的方波。

2.3.2 交流毫伏表

交流毫伏表是一种用来测量正弦电压有效值的电子仪表，可对一般放大器等电子设备进行测量。和一般万用表比较，它的特点是：灵敏度高，可测量毫伏级的微弱电压；频率范围宽，可达几赫兹到几兆赫兹；输入阻抗高，约为兆欧级。毫伏表的类型较多，图 2.3.3 为一款简易毫伏表。

这款简易毫伏表提供两路测量输入，测量的最小量程是 20mV，测量电压的频率可以由 50Hz 到 100kHz，是测量音频放大电路必备的仪表之一。

下面通过一款 DF2170A 型交流毫伏表介绍毫伏表的主要特性及其使用方法。图 2.3.4 为 DF2170A 型交流毫伏表前面板示意图。以下分别介绍各个部分的名称和使用说明。

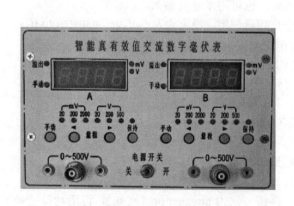

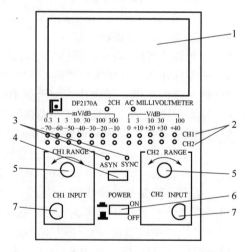

图 2.3.3　简易毫伏表　　　图 2.3.4　DF2170A 型交流毫伏表前面板示意图

1—表头：有红黑两个指针，显示两通道测量结果。

2—量程指示：提供 300μV～100V 的电压测量范围，分 0.3mV、1mV、3mV、10mV、30mV、100mV、300mV、1V、3V、10V、30V、100V 共 12 挡。

3—同步异步/CH1、CH2 指示。

4—同步异步/CH1、CH2 选择按键：可选择同步/异步工作方式。"SYNC"灯亮为同步工作方式。"ASYN"灯亮为异步工作方式。当为异步工作方式时，CH1、CH2 的量程由任一通道控制开关控制，使两通道具有相同的测量量程。

5—量程调节钮：当选择 CH1（或 CH2）通道时，调 CH1（或 CH2）的量程调节钮，CH1（或 CH2）的指示灯也相应地亮起，表头中的黑（或红）指针也随着摆动，使指针稳定在表头易于读数的位置，根据所选择的量程在表头中准确读数。

6—电源开关：将仪器水平放置，接通电源，按下电源开关，各挡位发光二极管全亮，然后自左至右依次轮流检测，检测完毕后停止于 100V 挡指示，并自动将量程置于 100V 挡。

7—通道输入端：被测信号的输入端口。

使用交流毫伏表时应注意：所测交流电压中的直流分量不得大于 100V。另外接通电源及输入量程转换时，由于电容的放电过程，指针有所晃动，须待指针稳定后再读取读数。

2.4 示波器及其他仪器仪表

2.4.1 数字示波器

示波器是一种电子图示测量仪器，它可以把电压的变化作为一个时间函数描绘出来，可以测量电压信号的幅度、频率和相位等参数。数字示波器是利用数据采集、A/D 转换、软件编程等一系列的技术制造出来的高性能示波器。数字示波器一般支持多级菜单，能提供给用户多种选择、多种分析功能。还有一些示波器可以提供存储，实现对波形的保存和处理。

下面以 UPO6000Z 系列数字示波器为例，主要讲述示波器的组成和基本原理，介绍利用示波器进行各种基本测量的原理、方法和应注意的问题。

2.4.1.1 使用前准备

数字示波器主要由信号采集、模数转换、存储处理和显示输出等部分组成。在使用一台新的示波器前，应做一次快速功能检查，按如下步骤以核实仪器运行是否正常。

（1）接通电源

电源的供电电压为交流 100~240V，频率为 45~440Hz。使用国家标准的电源线，将示波器连接到电源，此时可以观察到示波器前面板左下角的电源软开关按键 🔘 状态灯显示为红色，此时按下软开关按键，可打开示波器。

（2）开机检查

按下电源软开关按键 🔘，使待机状态灯由红色变为绿色，然后示波器会出现一个开机画面，启动完成后示波器就会进入正常的启动界面。

（3）连接探头

使用附件中的探头，将探头的 BNC 端连接示波器通道 1 的 BNC，探针连接到探头补偿信号连接片上，将探头的接地夹与探头补偿信号连接片下面的接地端相连，探头补偿信号连接片输出为：幅度约 $3V_{p-p}$，频率默认为 1kHz，如图 2.4.1 所示。

（4）功能检查

按 AUTO（自动设置）键，显示屏上应出现方波（幅度约 $3V_{p-p}$，频率为 1kHz）。返回步骤（3）按相同的方法检查其他通道。

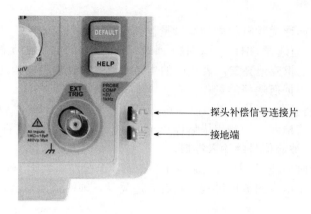

图 2.4.1　探头补偿信号连接片和接地端

（5）探头补偿

在首次将探头与任一输入通道连接时，需要进行此项调节，使探头与输入通道相配，未经补偿校正的探头会导致测量误差或错误。若调整探头补偿，应按如下步骤操作：

将探头菜单衰减系数设定为 10×，探头上的开关置于 10×，并将示波器探头与 CH1 通道连接。若使用探头钩形头，应确保其与探头接触可靠，将探头探针与示波器的探头补偿信号连接片相连，接地夹与探头补偿信号连接片的接地端相连，打开 CH1 通道，然后按 AUTO按键。示波器探头及观察显示的波形，如图 2.4.2 所示。

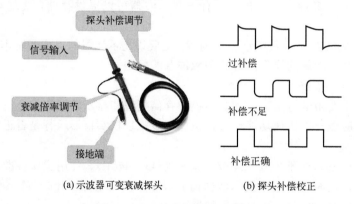

(a) 示波器可变衰减探头　　　　(b) 探头补偿校正

图 2.4.2　示波器探头补偿校正

若显示波形如图 2.4.2（b）所示补偿不足或过补偿，用非金属手柄的调笔调整探头上的可变电容，直到屏幕显示的波形为图 2.4.2（b）所示的补偿正确。

为避免使用探头在测量高电压时被电击，应确保探头的绝缘导线完好，并且连接高压源时不要接触探头的金属部分。

2.4.1.2　前面板介绍

图 2.4.3 为优利德 UPO6000Z 型号的数字示波器面板示意图。

下面介绍数字示波器面板的按钮名称及功能。

①—屏幕显示区域。

②—多功能旋钮（MULTIPURPOSE）。

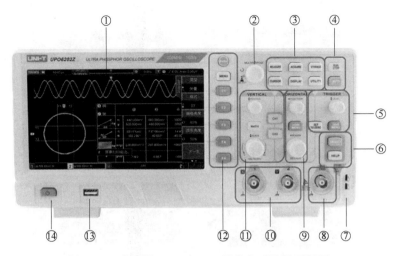

图 2.4.3 优利德 UPO6000Z 型数字示波器面板图

③—功能菜单键。

④—运行/停止（RUN/STOP）键，自动设置控制键。

⑤—触发控制区（TRIGGER）。

⑥—出厂状态（DEFAULT）按键、帮助（HELP）按键。

⑦—探头补偿信号连接片和接地端。

⑧—外触发（EXT）输入端。

⑨—水平控制区（HORIZONTAL）。

⑩—模拟通道输入端。

⑪—垂直控制区（VERTICAL）。

⑫—菜单控制软键、拷屏键。

⑬—USB HOST 接口。

⑭—电源开关键。

2.4.1.3 操作面板功能概述

（1）垂直控制和水平控制

图 2.4.4 为垂直控件和水平控件。

① $\boxed{CH1}$ 、$\boxed{CH2}$：模拟通道设置键。分别表示 CH1、CH2 对应通道颜色，并且屏幕中的波形和通道输入连接器的颜色也与之对应，按下任意按键打开相应通道菜单（激活或关闭通道）。

② $\boxed{MATH}$：按下该键打开数学运算功能菜单，可进行数学（加、减、乘、除）运算、FFT、逻辑运算、数字滤波、高级运算。

③ 垂直 POSITION：垂直移位旋钮。可移动当前通道波形的垂直位置，同时基线光标处显示垂直位移值 240.00mV 。按下该旋钮可使通道显示位置回到垂直中点。

④ 垂直 SCALE：垂直挡位旋钮。调节当前通道的垂直挡位，顺时针转动减小挡位，逆时针转动增大挡位，调节过程中波形显示幅度会增大或减小，同时屏幕下方的挡位信息 100V B 实时变化。垂直挡位步进为 1-2-5。按下旋钮可使垂直挡位调整方式在粗调、细调之间切换。

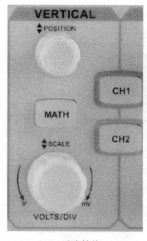 

(a) 垂直控件   (b) 水平控件

图 2.4.4 垂直控件和水平控件

⑤ HORI MENU：水平菜单按键。显示视窗扩展、Multi-Scopes、时基（XY/YT）、触发释抑。

⑥ 水平 POSITION：水平移位旋钮。调节旋钮时触发点相对屏幕中心左右移动。调节旋钮过程中所有通道的波形左右移动，同时屏幕上方的水平位移值 **D 0.00s** 实时变化。按下该旋钮可使通道显示位置回到水平中点。

⑦ 水平 SCALE：水平时基旋钮。调节所有通道的时基挡位，调节时可以看到屏幕上的波形水平方向上被压缩或扩展，同时屏幕上方的时基挡位 **M 100μs** 实时变化。时基挡位步进为 1-2-5。按下旋钮可快速在主视窗和扩展视窗之间切换。

（2）触发控制

触发控件如图 2.4.5 所示。

① LEVEL：触发电平调节旋钮。顺时针转动增大电平，逆时针转动减小电平。在调节触发通道的触发电平值过程中，屏幕右上角的触发电平值 **T ① f/DC 0.00μV** 实时变化。按下该旋钮可使触发电平回到触发信号 50%的位置。

② TRIGMENU：显示触发内容。

③ DECODE：设置总线解码。

（3）自动设置 AUTO

按下 AUTO 键，示波器将根据输入的信号，自动调整垂直刻度系数、扫描时基以及触发模式直至最合适的波形显示。

图 2.4.5 触发控件

使用波形自动设置功能时，若被测信号为正弦波，要求其频率不小于 20Hz，幅度在 $20mV_{p-p}\sim120V_{p-p}$；如果不满足此参数条件，则波形自动设置功能可能无效。

（4）运行/停止 RUN/STOP

按下 RUN/STOP 键可将示波器的运行状态设置为运行或停止。在运行（RUN）状态下，该键绿色背光灯点亮；在停止（STOP）状态下，该键红色背光灯点亮。

（5）屏幕拷贝 PrtSc

按下 PrtSc 键可将屏幕波形以 bmp 位图格式快速拷贝到 USB 存储设备中。

（6）多功能旋钮 MULTIPURPOSE

在菜单操作时，按下某个菜单键后，转动该旋钮可选择该菜单下的子菜单，然后按下旋钮（即 Select 功能）可选中当前选择的子菜单。

（7）功能按键

功能按键如图 2.4.6 所示。

① MEASURE：按下该键进入测量设置菜单。可设置测量信源、所有参数测量、用户定义参数、测量统计、测量指示器、数字电压表等。打开用户定义，一共 36 种参数测量，可通过 MULTIPURPOSE 旋钮快速选择参数进行测量，测量结果将出现在屏幕底部。

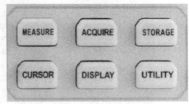

图 2.4.6　功能按键

② ACQUIRE：按下该键进入采样设置菜单。可设置示波器的采集方式、存储深度、快速采集。

③ CURSOR：按下该键进入光标测量菜单。可设置光标测量类型、信源、模式。

④ DISPLAY：按下该键进入显示设置菜单。设置波形显示类型、栅格、栅格亮度、波形亮度、背光亮度、持续时间、色温、反色温、菜单显示、透明。

⑤ STORAGE：按下该键进入存储界面。可存储的类型包括设置、实测波形、参考波形、图片，也可回调波形、设置。可存储到示波器内部或外部 USB 存储设备中。

⑥ UTILITY：按下该键进入辅助功能设置菜单。可以进行自校正、系统信息设置、语言设置、波形录制、通过测试、方波输出、频率计设置、输出选择、时间设置、IP 设置、开机加载、清除数据等。

2.4.1.4　用户界面说明

① 触发状态标识：可能包括 TRIGED（已触发）、AUTO（自动）、READY（准备就绪）、STOP（停止）、ROLL（滚动）。

② 时基挡位：表示屏幕波形显示区域水平轴上一格所代表的时间，使用示波器前面板水平控制区的 SCALE 旋钮可以改变此参数。

③ 采样率/存储深度：显示示波器当前挡位的采样率和存储深度。

④ 水平位移：显示波形的水平位移值，调节示波器前面板水平控制区的 POSITION 旋钮可以改变此参数，按下水平控制区的 POSITION 旋钮可以使水平位移值回到 0。

⑤ 触发状态：显示当前触发源、触发类型、触发沿、触发耦合、触发模式、触发电平等。

a. 触发源：有 CH1～CH2、市电、EXT 等状态。其中 CH1～CH2 会根据通道颜色的不同而显示不同的触发状态颜色，例如图 2.4.7 中的 1 表示触发源为 CH1。

b. 触发类型：有边沿、脉宽、视频、斜率、高级触发等类型，例如图 2.4.7 中的 E 表示触发类型为边沿触发。

c. 触发沿：有上升、下降、任意三种，例如图 2.4.7 中的 ∫ 标识上升沿触发。

d. 触发耦合：有直流、交流、高频抑制、低频抑制、噪声抑制五种，例如图 2.4.7 中的 DC 标识触发耦合为直流。

e. 触发模式：有自动、正常、单次等类型。

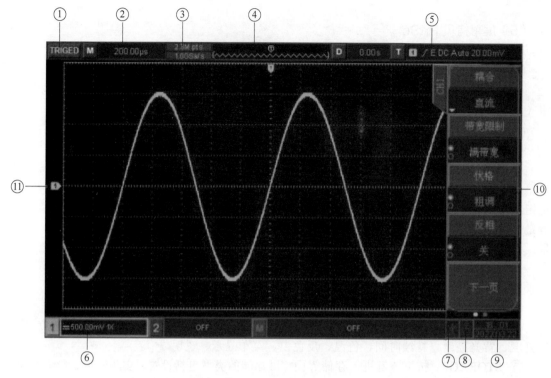

图 2.4.7　用户界面显示图

f. 触发电平：显示当前触发电平的值，对应屏幕右侧的 ⬅，调节示波器前面板触发控制区的 LEVEL 旋钮可以改变此参数。

⑥ CH1 垂直状态标识：显示 CH1 通道激活状态、通道耦合、带宽限制、垂直挡位、探头衰减系数。

a. 通道激活状态：![1 100V 1X]。

b. 带宽限制：当带宽限制功能被打开时，会在 CH1 垂直状态标识中出现一个 B 标识。

c. 垂直挡位：显示 CH1 的垂直挡位，在 CH1 通道激活时，通过调节示波器前面板垂直控制区（VERTICAL）的 SCALE 旋钮可以改变此参数。

d. 探头衰减系数：显示 CH1 的探头衰减系数，包括 0.001×、0.01×、0.1×、1×、10×、100×、1000×、自定义。

⑦ USB host 标识：当 USB host 接口连接上 U 盘等 USB 存储设备时显示此标识。

⑧ LAN 连接标识：当接入网线后显示此标识。

⑨ 设备当前年月日以及时间。

⑩ 软键菜单：显示当前功能按键的选项，按 F1～F5 可以改变对应位置菜单子项的内容。

⑪ 模拟通道标识和波形：显示 CH1～CH2 的通道标识和波形，通道标识与波形颜色一致。

2.4.2　频率计

频率计又称为频率计数器，是一种专门对被测信号频率进行测量的电子测量仪器。数字式频率测量仪器具有精确度高、测频范围宽、便于实现测量过程自动化等优点，所以数字式频率测量计（简称数字式频率计）已成为目前测量频率的主要仪器。一般来讲，目前市场上出现的频率计除了测频率外，同时具有测时间（周期）以及同频信号相位差的功能。

（1）通用频率计的基本原理

数字频率计是一种用电子学方法测出一定时间间隔内输入的脉冲数目，并以数字形式显示测量结果的电子仪器。频率计主要由四个部分构成：时基（T）电路、输入电路、计数显示电路以及控制电路。数字频率计的核心是电子计数器。电子计数器可以对脉冲数目进行累加运算，能把任意一段时间内的脉冲总数计算出来并由数码管显示出来。所以，频率计最基本的工作原理为：当被测信号在特定时间段 T 内的周期个数为 N 时，则被测信号的频率 $f=N/T$。

在一个测量周期过程中，被测周期信号在输入电路中经过放大、整形、微分操作之后形成特定周期的窄脉冲，送到主门的一个输入端。主门的另外一个输入端为时基电路产生的闸门脉冲。在闸门脉冲开启主门的期间，特定周期的窄脉冲才能通过主门，从而进入计数器进行计数，计数器的显示电路则用来显示被测信号的频率值，内部控制电路则用来完成各种测量功能之间的切换并实现测量设置。

（2）频率计的使用

图 2.4.8 为 GFC-8010H 型数字频率计，下面详细介绍面板名称及功能。

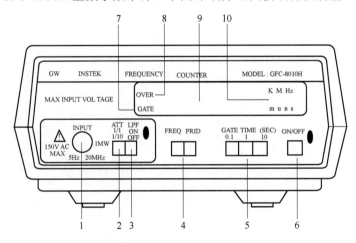

图 2.4.8　频率计前面板示意图

1—Input：BNC 型接口，信号输入接线端。

2—ATT 1/1，1/10：输入灵敏度（衰减）按钮。1/1 表示输入信号被直接连接到输入放大器。1/10 表示输入信号衰减 10 倍后输入放大器。

3—LPF ON/OFF：当输入频率很低时，将此键打到 ON 位置，插入输入信道一个 100kHz 的低通滤波器，从而计频器正常工作。

4—FREQ/PRID：用此键选择频率测量或周期测量。按下 FREQ 键为频率测量，按下 PRID 键为周期测量。

5—GATE TIME（SEC）：用此按键选择 10s、1s 或 0.1s 的门时间。

6—ON/OFF：电源开或关按钮。

7—Gate（LED）：显示设定的门时间，间隔 10s、1s 或 0.1s LED 闪烁一次。

8—OVER（LED）：OVER 指示灯亮表示一个或多个有效数字无法显示。

9—Displayed（LED）：频率值以 8 位数字显示。
10—Exponent and units：LED 指示灯显示单位 s 和 Hz 指示测量值。

 思考与练习

① 用万用表测量电流和电压时应以什么形式连接到电路中？
② 直流稳压电源都由哪几部分组成？简述其工作原理。
③ 画出示波器的基本组成框图，分别描述其中各个部分的作用。
④ 在使用数字示波器前，如何对其进行功能检查？

第 3 章

焊接技术

现代电子技术的发展，对电路板的制作提出了更高要求。电子设备中使用大量各种电子元器件，电路板的焊接是先将电子元件固定在电路板上，并通过焊接连接元件与电路板，每个焊点的质量都关系到整机产品的质量。学习有关焊接的理论知识，了解焊接的机理，熟悉焊接的材料、工具与基本方法是电子产品研发人员、维护人员必备的一项技术技能。掌握最基本的操作技艺是迈向探索电子科技大厦的第一步。

3.1 锡焊的机理

锡焊是利用低熔点的金属焊料加热熔化后，渗入并充填金属件连接处间隙的焊接方法。锡焊广泛用于电子工业中。锡焊使用的是锡铅合金焊料。锡焊过程可分为三个阶段：润湿阶段、扩散阶段与合金层形成阶段。

3.1.1 润湿阶段

润湿是锡焊的第一个阶段。所谓焊接，是利用液态的"焊锡"润湿在基材上而达到接合的效果，润湿过程是形成良好焊点的先决条件。从力学的角度不难理解润湿现象。不同的液体和固体，它们之间相互作用的附着力和液体的内聚力是不同的，其合力就是液体在固体表面漫流的力。当力的作用平衡时，流动也就停止，液体和固体交界处形成一定的角度，这个角称为润湿角，它是定量分析润湿现象的一个物理量。图 3.1.1 所示的润湿角 θ 在 $0°\sim180°$ 的范围内，润湿角 θ 越小，表示润湿越充分，$\theta<90°$ 表示已润湿，$\theta\geqslant90°$ 则表示焊锡未润湿。

焊锡润湿在基材上时，理论上两者之间会以金属化学键结合，而形成一种连续性的接合。

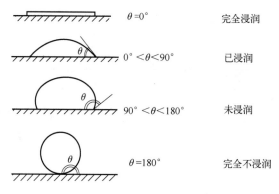

图 3.1.1 润湿角示意图

3.1.2 扩散阶段

扩散是锡焊的第二个阶段。扩散是指熔化的焊料与母材中的原子互相越过接触界面进入对方的晶格点阵的过程。伴随着润湿的进行，焊料与母材金属原子间的互相扩散现象开始发生，通常金属原子在晶格点阵中处于热振动状态，一旦温度升高，原子的活动加剧，原子移动的速度和数量取决于加热的温度和时间。焊料与焊件扩散示意图如图 3.1.2 所示。

金属之间发生扩散需要两个基本条件。一个是距离，两种金属必须接近到足够小的距离。只有在足够小的距离内，两种金属原子间才会发生引力作用。若金属表面含有杂质，是达不到这么小的距离的。另一个是温度，只有在一定温度下，金属分子才具有动能，使得扩散得以进行。焊件表面的平整、清洁，焊件加热到一定的温度是发生扩散的基本条件。

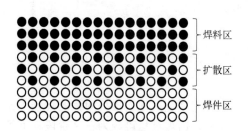

图 3.1.2 焊料与焊件扩散示意图

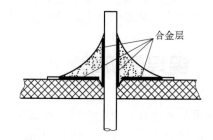

图 3.1.3 焊料与焊件合金层示意图

这种发生在金属界面上的扩散结果，使两块金属结合成一体，从而实现两块金属间的焊接。

3.1.3 合金层形成

产生合金层是锡焊的第三个阶段。焊料在润湿焊件的过程中，焊料和焊件界面上会产生扩散，这种扩散的结果在两种金属之间形成一个金属合金层，从而使焊件与焊料之间达到牢固的合金结合状态。由于合金层的作用，焊料与焊件结合成一个整体，实现金属的焊接。图 3.1.3 所示为焊料与焊件合金层示意图。锡铅焊料和铜在锡焊过程中生成合金层，厚度达到 $1.2\sim10\mu m$。润湿和扩散是一种复杂的金属组织变化和物理冶金过程，合金层过厚或者过薄，其强度与导电性能都会受到影响。理想的合金层厚度为 $1.2\sim3.5\mu m$，此时合金层的强度最高，导电性能好。

综上所述，锡焊的过程是：将表面清洁的焊件与焊料加热到一定温度，焊料先对金属表面产生润湿；伴随着润湿现象发生，焊料逐渐向焊件金属扩散；在焊料与焊件金属扩散的接触界面上生成合金层，使两者牢固结合起来。产生连续均匀的金属间化合物，使焊件与焊料之间达到牢固的冶金结合状态，是形成优良焊接的基本条件。

3.2　焊接的材料与工具

3.2.1　焊料

焊接时用来使两种或两种以上金属连接成为一个整体的金属或合金被称为焊料。焊料是一种熔点比被焊金属熔点低的易熔金属，焊料熔化时润湿被焊金属表面，并在接触面处形成合金层与被焊金属连接到一起。在一般电子产品装配中，使用的主要是锡铅焊料，俗称为焊锡。焊锡具有熔点低，对元件和导线的附着力强，机械强度高且导电性好，不易氧化、抗腐蚀性好，焊点光亮美观等特点。锡铅焊料以锡铅合金为主，有的锡铅焊料还含少量的锑。其中含铅 37%、锡 63% 的铅锡合金熔点约 183℃，是比较普遍的锡铅焊料。

（1）焊锡的种类

常用焊锡材料有锡铅合金焊锡、加锑焊锡、加镉焊锡、加银焊锡、加铜焊锡。锡铅的含量以及添加金属的不同，导致锡铅焊料的熔点、热膨胀系数、固有应力和凝固时间都不同。

（2）常用焊锡具备的条件

① 焊料的熔点要低于被焊工件。

② 易于与被焊物连成一体，要具有一定的抗压能力。

③ 要有较好的导电性能。

④ 要有较快的结晶速度。

（3）常用焊料的形状

焊料在使用时常按规定的尺寸加工成形，有片状、块状、棒状、带状和丝状等多种。

① 丝状焊料通常称为焊锡丝，中心包着松香助焊剂，称松脂芯焊丝，在手工烙铁锡焊时常用。松脂芯焊丝的外径通常有 0.5mm、0.6 mm、0.8 mm、1.0mm、1.2mm、1.6mm、2.0mm、2.3mm、3.0mm 等规格。焊锡丝如图 3.2.1 所示。

② 棒状焊料常用于浸焊与波峰焊锡炉熔化。焊锡条如图 3.2.2 所示。

图 3.2.1　焊锡丝

图 3.2.2　焊锡条

③ 焊料膏是将焊料与助焊剂粉末拌和在一起制成的。焊接时先将焊料膏涂在印制电路板上，然后进行焊接。其在自动贴片工艺上已经大量使用。焊锡膏如图 3.2.3 所示。

图 3.2.3　焊锡膏

3.2.2　助焊剂

助焊剂是一种促进焊接的化学物质，通常是以松香为主要成分的混合物，是保证焊接过程顺利进行的辅助材料。助焊剂的主要作用是清除焊料和被焊母材表面的氧化物，使金属表面达到必要的清洁度。它防止焊件在焊接时表面的再次氧化，降低焊料表面张力，提高焊接性能。助焊剂性能的优劣，直接影响到电子产品的质量好坏。

（1）助焊剂的作用

① 熔解被焊母材表面的氧化膜。被焊母材表面一般是被氧化膜覆盖着，其厚度大约为 $2×10^{-8}～2×10^{-9}$m。在焊接时，氧化膜会阻止焊料对母材的润湿，焊接就不能正常进行，因此必须在母材表面涂敷助焊剂，使母材表面的氧化物还原，从而达到消除氧化膜的目的。

② 防止被焊母材的再氧化。母材在焊接过程中需要加热，高温时金属表面会加速氧化，因此液态助焊剂覆盖在母材和焊料的表面可防止它们氧化。

③ 降低熔融焊料的表面张力。熔融焊料表面具有一定的张力，就像雨水落在荷叶上，由于液体的表面张力会立即聚结成圆珠状的水滴。熔融焊料的表面张力会阻止其向母材表面漫流，影响润湿的正常进行。当助焊剂覆盖在熔融焊料的表面时，可降低液态焊料的表面张力，使润湿性能明显得到提高。

④ 保护焊接母材表面。被焊材料在焊接过程中原本的表面保护层可能会被破坏。好的助焊剂在焊完之后，能迅速恢复到具有保护焊材的作用。

⑤ 能加快热量从烙铁头向焊料和被焊物表面传递 。

⑥ 合适的助焊剂还能使焊点美观。

（2）助焊剂的种类

① 无机系列助焊剂。无机系列助焊剂的化学作用强，助焊性能非常好，但腐蚀作用大，属于酸性焊剂。因为它溶解于水，故又称为水溶性助焊剂。这种助焊剂通常只用于非电子产品的焊接，在电子设备的装联中严禁使用这类无机系列的助焊剂。

② 有机系列助焊剂。有机系列助焊剂的助焊作用介于无机系列助焊剂和树脂系列助焊剂之间，它也属于酸性、水溶性焊剂。含有有机酸的水溶性焊剂以乳酸、柠檬酸为基础，由于它的焊接残留物可以在被焊物上保留一段时间而无严重腐蚀，因此可以用在电子设备的装

联中。有机系列助焊剂如图 3.2.4 所示。

　　③ 树脂系列助焊剂。树脂系列助焊剂属于有机溶剂助焊剂，在电子产品的焊接中使用比例最大的是树脂型助焊剂。它只能溶解于有机溶剂，其主要成分是松香。松香在固态时呈非活性，只有在液态时才呈活性，其熔点为 127℃，活性可以持续到 315℃。锡焊的最佳温度为 240～250℃，所以正处于松香的活性温度范围内，且它的焊接残留物不存在腐蚀问题。这些特性使松香为非腐蚀性助焊剂而被广泛应用于电子设备的焊接中。树脂系列助焊剂如图 3.2.5 所示。

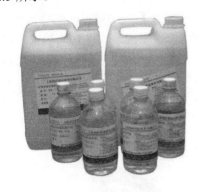

图 3.2.4　有机系列助焊剂

图 3.2.5　树脂系列助焊剂

（3）常用助焊剂应具备的条件
① 熔点应低于焊料。
② 表面的张力、黏度、密度要小于焊料。
③ 不能腐蚀母材，在焊接温度下，应能增加焊料的流动性，去除金属表面氧化膜。
④ 焊剂残渣容易去除。
⑤ 不会产生有毒气体和臭味，以防危害人体和污染环境。

3.2.3　阻焊剂

　　阻焊剂是一种耐高温的涂料，可使焊接只在所需要焊接的焊点上进行，而将不需要焊接的部分保护起来。常见的印制电路板上面没有焊盘的部分均有绿色涂层，这种绿油就是阻焊剂。

（1）阻焊剂的优点
　　电路板在进行浸焊或波峰焊接时，阻焊剂用以防止焊接过程中的桥连，减少返修和节约焊料，使焊接时印制板受到的热冲击小，板面不易起泡和分层。阻焊剂还对电路板的铜箔起到保护作用，使得板面整洁美观。

（2）阻焊剂的种类
　　阻焊剂的种类有热固化型阻焊剂、光敏阻焊剂及电子束辐射固化型阻焊剂等，目前常用的是光敏阻焊剂。

3.2.4　电烙铁

　　电烙铁是电子制作和电器维修的必备工具，是电子技术人员在科研、实验中经常使用的工具。使用电烙铁手工焊接更是电子技术人员必备的一种技能，了解锡焊的相关知识，并熟练掌握手工锡焊技术是必要的。

（1）电烙铁的种类

常见的电烙铁有内热式电烙铁、外热式电烙铁与恒温电烙铁等。不论哪种电烙铁，都是在接通电源后，电阻丝绕制的加热器发热，直接通过传热筒加热烙铁头，待达到工作温度后，熔化焊锡，进行焊接。

① 内热式电烙铁　内热式电烙铁主要由烙铁芯、烙铁头、外壳、接线柱、固定螺、电源线以及手柄等组成，它具有发热快、体积小、重量轻、效率高等特点，因而得到普遍应用。内热式电烙铁外形如图 3.2.6 所示，其结构如图 3.2.7 所示。常用内热式电烙铁的规格有 20W、35W、50W 等，20W 烙铁头的温度可达 350℃。电烙铁的功率越大，烙铁头的温度就越高。焊接集成电路、一般小型元器件选用 20W 内热式电烙铁即可。使用的电烙铁功率过大，容易烫坏元件。电烙铁的功率太小，不能使被焊件充分加热会导致焊点不光滑、不牢固，易产生虚焊。

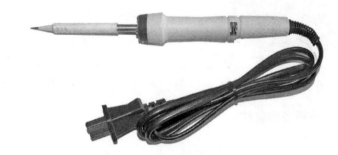

图 3.2.6　内热式电烙铁外形

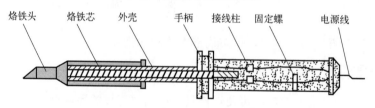

图 3.2.7　内热式电烙铁的结构

② 外热式电烙铁　外热式电烙铁由烙铁芯、烙铁头、手柄、外壳、接线柱、固定螺和电源线等组成。烙铁芯由电热丝绕在薄云母片和绝缘筒上制成。外热式电烙铁外形如图 3.2.8

图 3.2.8　外热式电烙铁外形

所示，其结构如图 3.2.9 所示。外热式电烙铁常用的规格有 25W、45W、75W、100W 等。当焊接物件较大时，常使用外热式电烙铁。它的烙铁头可以被加工成各种形状以适应不同焊接面的需要。

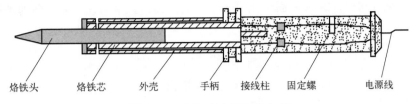

烙铁头　　烙铁芯　　外壳　　手柄　接线柱　固定螺　　　电源线

图 3.2.9　外热式电烙铁的结构

③ 恒温电烙铁　恒温电烙铁是用电烙铁内部的磁控开关来控制烙铁的加热电路，使烙铁头保持恒温。磁控开关的软磁铁被加热到一定的温度时，便失去磁性，使触点断开，切断电源。恒温电烙铁也有用热敏元件来测温以控制加热电路使烙铁头保持恒温的。恒温电烙铁如图 3.2.10 所示。

图 3.2.10　恒温电烙铁

（2）电烙铁的选用

电烙铁的种类及规格有很多种，而且被焊工件的大小又有所不同，因而合理地选用电烙铁的功率及种类，对提高焊接质量和效率有直接的影响。在选用电烙铁的时候，应根据实际情况选择不同功率、加热方式和烙铁头形状的电烙铁。焊接集成电路、晶体管及受热易损元器件时，应选用 20W 内热式电烙铁或 25W 的外热式电烙铁。焊接导线及同轴电缆时，应选用 45～75W 的外热式电烙铁，或 50W 内热式电烙铁。烙铁头形状的选用要适合焊接面的要求和焊点的密度。选用电烙铁主要考虑以下因素：

a. 设备的电路结构形式；

b. 被焊器件的吸热、散热状况；

c. 焊料的特性；

d. 使用是否方便。

（3）电烙铁的使用与注意事项

① 安全检查　使用前先用万用表检查电烙铁的电源线有无短路和开路，电烙铁是否漏电，电源线的装接是否牢固，螺钉是否松动，在手柄上的电源线是否被螺钉顶紧，电源线的

套管有无破损。

② 新烙铁头的处理　新买的烙铁一般不能直接使用，要先将烙铁头进行"上锡"后方能使用。"上锡"的具体操作方法是：将电烙铁通电加热，用锉刀将烙铁头上的氧化层锉掉，当烙铁头能熔化焊锡时，在其表面熔化带有松香的焊锡，直至烙铁头表面薄薄地镀上一层锡为止。

③ 电烙铁使用注意事项

a. 旋转烙铁手柄盖时，不可使电线随着手柄盖扭转，以免将电源线接头部位造成短路。

b. 电烙铁在使用一段时间后，应当将烙铁头取出，除去外表氧化层，取烙铁头时切勿用力扭动，以免损坏电烙铁。

c. 电烙铁在使用中，不能用力敲击；要防止跌落。烙铁头上焊锡过多时，可用布擦掉，不可乱甩，以防烫伤他人。

d. 在焊接过程中，烙铁不能到处乱放。不焊时，应放在烙铁架上。注意电源线不可搭在烙铁头上，以防烫坏绝缘层而发生事故。

e. 使用结束后，应及时切断电源，拔下电源插头。冷却后，再将电烙铁收回工具箱。

3.2.5　其他工具

在进行实验及电子产品的开发时，必须要使用一些工具。除了电烙铁以外，经常使用的还有螺丝刀、尖嘴钳、偏口钳和剥线钳等。

（1）螺丝刀

螺丝刀也称为螺钉旋具、改锥、起子或解刀，用来紧固或拆卸螺钉。它的种类很多，常见的有：按照头部形状的不同，可分为一字和十字两种；按照手柄材料和结构的不同，可分为木柄、塑料柄、夹柄和金属柄等四种；按照操作形式的不同，可分为自动、电动和风动等形式。

一字螺丝刀主要用来旋转一字槽形的螺钉、木螺钉和自攻螺钉等，其外形如图 3.2.11 所示。使用时应根据螺钉的大小选择不同规格的螺丝刀。十字螺丝刀主要用来旋转十字槽形的螺钉、木螺钉和自攻螺钉等，其外形如图 3.2.12 所示。使用十字形螺丝刀时，应注意使旋杆端部与螺钉槽相吻合，否则容易损坏螺钉的十字槽。

图 3.2.11　一字螺丝刀

图 3.2.12　十字螺丝刀

（2）尖嘴钳

尖嘴钳主要用来将导线或元件引脚成形，夹持小螺钉、小零件等，还可用来剪切线径较细的单股与多股线，以及给单股导线接头弯圈、剥塑料绝缘层等。尖嘴钳如图 3.2.13 所示。

图 3.2.13　尖嘴钳　　　　　　　　　　　　图 3.2.14　偏口钳

（3）偏口钳

偏口钳又称为斜口钳，主要用于剪切导线、元器件多余的引线，还常用来代替一般剪刀，剪切绝缘套管、尼龙扎线卡等。偏口钳如图 3.2.14 所示。

（4）剥线钳

剥线钳是一种专用工具，主要用于塑料、橡胶绝缘电线、电缆芯线的剥皮。剥线钳如图 3.2.15 所示。剥线钳由槽口和手柄两部分构成。使用的时候，确定好要剥的绝缘层的长度，然后将其放到相应的槽口中，用力即可剥掉线皮。这种方法既能保证剥掉绝缘层，又不会损坏芯线。

图 3.2.15　剥线钳

3.3　手工锡焊技术

3.3.1　焊接姿势

手工锡焊是一种常用的电子元件连接方法。在进行焊接操作的时候，为保证操作者舒适工作，焊接便利，一般采用坐姿焊接，桌面和坐椅的高度要合适。焊剂加热挥发出的化学物质对人体有害，为减少有害气体的吸入，操作者的鼻子与电烙铁的距离以 20～30cm 为宜。

电烙铁的握法有三种方式。反握法：这种方法动作稳定，被焊件的压力较大，长时间操作不易疲劳，适合较大功率的电烙铁对大焊点的焊接操作。正握法：适合用于中功率的电烙铁及带弯形的电烙铁在大型机架上的焊接。笔握法：一般适用于印制电路板上焊接元器件，焊接时电烙铁的角度变换比较灵活机动，焊接不易疲劳。电烙铁的握法如图 3.3.1 所示。

(a) 反握法　　　　　(b) 正握法　　　　　(c) 笔握法

图 3.3.1　电烙铁的握法

在焊接的过程中，为保证焊接质量，提高工作效率，焊锡丝的拿法也是非常重要的。焊锡丝的拿法有两种方式：一种是连续拿法，它适用于连续焊接，这样送锡速度快；另一种方法称为断续拿法，它适用于间断焊接。焊锡丝拿法如图 3.3.2 所示。焊锡丝是锡铅合金做成的，铅是对人体有害的重金属，焊接操作的时候应戴手套或操作后及时洗手，避免食入。

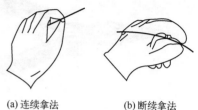

(a) 连续拿法　　　　(b) 断续拿法

图 3.3.2　焊锡丝的拿法

3.3.2　手工焊接步骤

作为一名电子技术人员，只了解锡焊的机理是不够的，只有掌握手工焊接的基本方法与步骤，多加练习，才能掌握手工焊接技术。对于初学者来说，五步焊接法是卓有成效的，是必须掌握的方法。

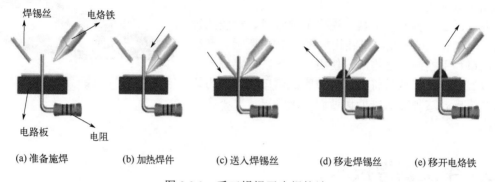

(a) 准备施焊　　　(b) 加热焊件　　　(c) 送入焊锡丝　　　(d) 移走焊锡丝　　　(e) 移开电烙铁

图 3.3.3　手工锡焊五步焊接法

五步焊接法步骤如下。

① 准备施焊：焊接前应准备好焊锡丝和烙铁，烙铁头部要保持干净，也就是能够粘上焊锡，即俗话说的吃锡。清洁被焊件及工作台，进行元器件的插装及导线端的处理，左手拿焊丝，右手握电烙铁，进入待焊状态，如图 3.3.3（a）所示。

② 加热焊件：将电烙铁头放置在焊件与焊盘之间的连接处，进行加热，使焊点的温度上升。电烙铁头放在焊点上时应注意其位置，即加大与焊件的接触面，以缩短加热时间，达到焊盘的均衡受热，如图 3.3.3（b）所示。

③ 送入焊锡丝：当焊件加热到能熔化焊料的温度后，即在电烙铁头与焊接部位的接合处以及对称的一侧，将焊锡丝置于焊点，焊料开始熔化并润湿焊点，如图 3.3.3（c）所示。

④ 移走焊锡丝：当焊点上的焊料充分润湿焊接部位时，要及时撤离焊锡丝，以保证焊点不出现堆积锡现象，获得较好的焊点，如图 3.3.3（d）所示。

⑤ 移开电烙铁：移开焊锡丝后，待焊锡全部润湿焊点时，就要及时迅速地移开电烙铁，移开电烙铁头的时间、方向和速度决定着焊点的质量。在通常情况下，电烙铁头应该是在约 45°（斜上方电烙铁头与轴向的夹角）的方向向上移开，如图 3.3.3（e）所示。

上述步骤过程，对一般焊点而言大约需要 2~3s。焊接操作的基本方法、各步骤之间停留的时间、顺序的准确掌握、动作的熟练协调等对保证焊接质量非常重要，只有通过大量实践并用心体会才能逐步掌握。

3.3.3　手工焊接技术要领

（1）加热要均匀

焊接时采用正确的加热方式，让焊接部位均匀地受热。根据焊接部位的形状选择不同的电烙铁头，让电烙铁头与焊接部位形成面的接触，而不是点或线的接触，这样就可以使焊接的部位受热均匀，以保证焊料与焊接部位形成良好的合金层。

（2）焊锡要适量

焊接的时候并不是焊锡越多越好，过量的焊锡会造成大量焊锡堆积在焊点上，形成不合格的焊点。若在高密的印制电路板中，大量的焊锡容易造成短路故障。焊锡量过少不利于合金层的形成，会形成不良焊点，机械强度降低，往往会造成焊点脱落。因此，合适的焊锡量是全面润湿整个焊点的填充量。

（3）温度要控制

良好焊点的形成与加热温度有直接的关系。在焊接时要有足够的热量和温度，才能使焊料迅速熔化并产生润湿作用。但是，如果温度过高，将会使焊锡流淌，焊剂分解速度加快，使被焊件表面加速氧化，形成不良焊点。如果温度过低，焊锡流动性差且容易凝固形成假焊。

（4）时间要把握

锡焊的时间根据被焊件形状、大小的不同而有所差别。一般情况下，焊接在 2～3s 内完成，焊点应是大小适中，表面光亮圆滑。不可长时间加热，这样有可能造成被焊件的损坏。

（5）撤离要讲究

焊点的质量与电烙铁撤离焊点的时间、角度有关。当焊点形成后，应及时撤离电烙铁，若不及时撤离，会导致加热时间过长，加速焊锡的氧化，造成焊点粗糙甚至假焊、虚焊。电烙铁头以 45°角（斜上方电烙铁头与轴向的夹角）的方向撤离，形成的焊点圆滑美观，这是较好的撤离方式。掌握好电烙铁撤离方向，就能控制焊料的留存量，有利于良好焊点的形成。

3.3.4　拆焊技术

（1）拆焊方法

① 加热法。加热法是一种常见的锡焊拆卸方法。首先需要用焊锡铜丝把焊点上的锡吸干净，然后将需要拆卸的焊接部位加热到足够的温度，使用镊子等工具将零件分离开。需要注意的是，加热的温度不能过高，否则会造成零件变形或损坏；同时在拆卸大型焊接件时，需要保证加热均匀以避免局部损坏。

② 吸锡法。吸锡法适用于小型零件。首先需要使用吸锡器将焊点上的锡吸干净，然后用镊子等工具将零件分离。使用吸锡器时需要注意吸锡头的大小和形状，以确保能够吸干净焊点上的锡。同时在使用镊子等工具时也要小心操作，以免造成零件损坏。

③ 铲锡法。铲锡法是一种针对大型焊接件的拆卸方法。首先需要用焊锡铜丝将焊点上的锡吸干净，然后用铲锡刀将焊点分开。在使用铲锡刀时要小心操作，以避免对零件造成损坏。同时在拆卸大型焊接件时，需要保证铲锡均匀以避免局部损坏。

（2）拆焊材料

① 用屏蔽线编织层、细铜网等将编织网的一部分浸上松香助焊剂，然后放在将要拆焊的焊点上，再将电烙铁放在铜编织网上加热焊点，焊点上的焊料熔化后，就被铜编织网吸去。

如焊点上的焊料没有被一次吸完，则可进行多次操作，直至焊点上的焊料完全清除。注意使用过的编织网不能重复使用，必须把吸满锡的编织网剪去，方可继续操作使用。这种方法简单，对任何焊点都适用，且不易烫坏印制电路板。

② 对于多焊点元器件，采用吸锡器可以很方便地吸除引脚各个焊点上的焊料，从而使元器件引脚脱离印制电路板。吸锡器有多种类型，如吸锡电烙铁、活塞式吸锡器、简易吸锡器等。如图 3.3.4 所示是活塞式吸锡器。活塞式吸锡器由吸头、套筒、活塞垫、活塞圈、推杆、弹簧、气泵按柄、气泵、气泵按钮组成。

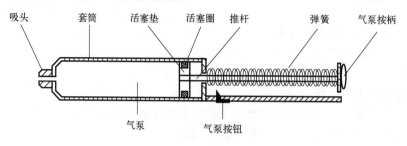

图 3.3.4　活塞式吸锡器

吸锡器使用方法是：用电烙铁熔化焊料，将气泵按柄推下，并让气泵按钮卡住，把吸锡器吸头前端对准欲拆焊点，将气泵按钮按下，此时在弹簧的反推作用下，活塞便自动快速上升，焊锡即被吸进套筒内。如果被拆焊点的焊锡未被吸尽，照上述方法可进行 2～3 次，直至焊锡被吸尽为止。

（3）拆焊要点

拆焊时要控制好电烙铁加热的温度和时间，防止发生错拆元器件。待锡熔化后拆元器件时，要轻轻地，不要用力过猛，要保证元器件特别是印制电路板不被损伤。

（4）拆焊后处理

元器件拆除后，要对元器件引线、印制电路板上的焊点进行清理和修正。把元器件引线上的焊锡清理干净，清除印制电路板焊点上的余锡。焊盘要光洁，保证元器件在重新焊接时能够插入安装。

3.4　印制电路板的焊接

印制电路板的装、焊在整个电子产品制造中处于核心的地位，可以说一个整机产品的"精华"部分都装在印制电路板上，电路板的装配工艺与焊接质量对整机产品的影响是不言而喻的。

3.4.1　印制板与元器件检查

电子产品在装配前应对印制板和元器件进行检查，内容主要包括：
① 电路板的印刷图形、孔位及孔径是否符合图纸，有无断线、缺孔等；表面处理是否合格，有无污染或变质。
② 元器件的种类、规格及外封装是否与图纸吻合，元器件引线有无氧化、锈蚀。

　　对于要求较高的产品，还应注意操作时的条件，如手汗会影响锡焊性能，使用的工具（如改锥、钳子）碰上印制板会划伤铜箔，橡胶板中的硫化物会使金属变质等。

3.4.2　元器件引线成形

　　不同的电子元器件在装配前需要根据电路的设计要求进行引线成形，如图 3.4.1 所示。弯曲成形的要求取决于元器件本身的封装外形和印制板上的安装位置，有时也因整个印制板安装空间限定元件安装位置。

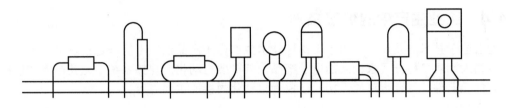

图 3.4.1　电路板上元器件引线成形

　　元器件引线成形要注意以下几点：
　　① 所有元器件引线均不得从根部弯曲。因为制造工艺上的原因，根部容易折断，一般应留 1.5mm 以上。
　　② 弯曲一般不要成死角，圆弧半径应大于引线直径的 1～2 倍。
　　③ 要尽量将有字符的元器件面置于容易观察的位置。

3.4.3　元器件装连

　　插装一般采用先低后高、先小后大、先轻后重的安装顺序。元器件在插装电路板时有贴板插装与悬空插装两种方式，具体采用哪一种插装方式，应按照设计图纸中安装工艺要求和实际安装位置来确定。贴板插装稳定性好，插装简单，但不利于散热，且对某些安装位置不适合，如图 3.4.2（a）所示。悬空插装适应范围广，有利于散热，但插装较复杂，需控制一定高度以保持美观一致，悬空高度一般取 2～6mm，如图 3.4.2（b）所示。一般无特殊要求时，只要位置允许，采用贴板安装较为常用。

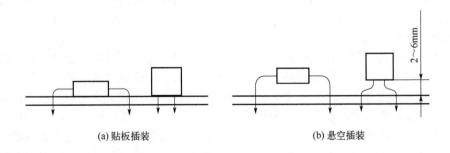

(a) 贴板插装　　　　　　　　　　(b) 悬空插装

图 3.4.2　元器件的插装方式

　　安装时要注意电子元器件的标记和色码部位应朝上，以便于识别。横向插件的数值读法应从左至右，而竖向插件的数值读法则应从下至上，如图 3.4.3 所示。

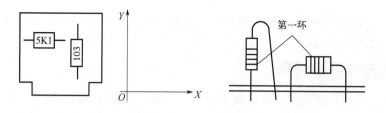

图 3.4.3　元器件标示方向

3.4.4　工业生产中的焊接技术

随着电子技术的发展，采用手工锡焊技术生产电子产品已经不能满足市场的需要。对生产批量很大、质量标准要求较高的电子产品，就需要自动化的焊接系统，尤其是集成电路、超小型的元器件、复合电路的焊接，已成为自动化焊接的主要内容。

（1）浸焊

浸焊是将安装好的电路板浸入熔化状态的焊料液中一次完成电路板的焊接。图 3.4.4 所示为小批量生产中使用的浸焊设备示意图。操作者将安装好元件的电路板，按照一定的角度浸入到熔融的锡槽中，然后取出即可完成电路板的焊接。

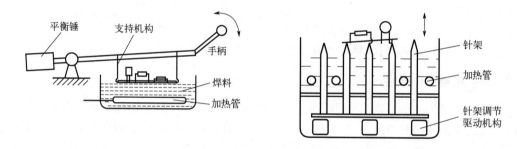

图 3.4.4　浸焊设备示意图

（2）波峰焊

目前工业生产中使用较多的自动化焊接系统多为波峰焊机，它适用于大面积、大批量印制电路板的焊接，生产工效大大提高、劳动成本再次降低、产品质量明显提高。工业生产中采用的自动化波峰焊机如图 3.4.5 所示。

波峰焊机由传送装置、涂助焊剂装置、预热器、锡波喷嘴、锡缸、冷却风扇等组成。焊料波的产生主要依靠喷嘴，喷嘴向外喷焊料的动力来源于机械泵或是电流和磁场产生的洛伦兹力。焊料从槽内上打入一个装有作分流用挡板的喷射室，然后从喷嘴中喷出。焊料到达其顶点后，又沿喷射室外边的斜面流回焊料槽中。波峰焊机工作原理如图 3.4.6 所示。

已经插好元件的电路板通过传送带进入波峰焊机，先利用波峰、发泡或喷射的方法为电路板涂助焊剂。由于大多数助焊剂在焊接时必须要达到并保持一个活化温度来保证焊点的完全浸润，因此，电路板在进入波峰槽前要先经过一个预热区。预热后由自动装置将电路板经过锡波喷嘴涌出的锡波峰，形成良好的焊点，经强风冷却后进行自动切脚，将多余的元件引脚切掉，切脚后再进行自动清洗，即可完成焊接。

图 3.4.5　自动化波峰焊机

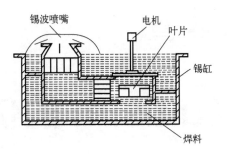

图 3.4.6　波峰焊机工作原理示意图

 思考与练习

① 什么是焊接的机理？

② 合格的焊点包括哪几个方面？

③ 简述助焊剂与阻焊剂的作用。

④ 简述手工锡焊的方法。

第4章

Multisim 的仿真应用

4.1 Multisim 14.3 简介

Multisim 是一个集原理图设计、电路功能仿真测试的虚拟仿真软件,是美国国家仪器公司(National Instruments,NI)推出的以 Windows 为基础的仿真工具,是目前最为流行的 EDA 软件之一。该软件可以模拟和分析模拟电路和数字电路,使开发者可以设计、测试和验证其电路设计。目前 NI Multisim 有 6.0 ～ 14.3 不同版本。

Multisim 14.3 具有直观的界面,可轻松添加、删除和连接元件,支持多种元件、设备和布局选项,并提供先进的分析和优化功能。它包括了电路仿真的主要功能,如直流分析、交流分析、传输函数分析、傅里叶分析、拉普拉斯分析、射频分析、噪声分析等。Multisim 14.3 还支持电路板设计和布局,用户可以将他们的电路设计导出到 PCB 设计工具中,如 Ultiboard,以获得更精确的电路板布局和设计。

4.1.1 Multisim 14.3 的特点

（1）电路仿真功能

Multisim14.3 支持模拟电路和数字电路仿真,用户可以使用集成的示波器、函数发生器等工具对电子电路进行仿真分析。

（2）访问库

Multisim14.3 内置了行业标准库,包括基本元件、运算放大器、模拟器件、数字器件、传感器等。此外,用户还可以通过 NI 官方网站下载更多元件。

（3）设计验证

Multisim14.3 可以验证电路设计是否满足性能要求。此外,它还提供了设计自动化,可让开发者快速设计和验证原型电路。

（4）仿真效率

Multisim14.3 具有高效的仿真引擎,可以有效地模拟大型和复杂的电路,并且可以进行多次仿真以比较不同的设计方案。同时也支持多线程,可以利用现代多核处理器提高仿真效率。

（5）仿真结果可视化

Multisim14.3 可以在仿真过程中实时显示电路的运行状态，并提供多个可视化工具来呈现电路性能指标。

（6）教学工具

Multisim14.3 为学生和教师提供了丰富的学习工具，如交互式电路实验、电路故障诊断、自动检查和教学示例等。

4.1.2　Multisim 14.3 的功能

（1）电路设计

Multisim 14.3 提供了丰富的元件库、模型等元素，可用于快速设计模拟电子电路。

（2）电路仿真

Multisim 14.3 的仿真引擎可以模拟电子电路运作的各种状况，对元器件的性能、电路的稳定性、功率和噪声等特性进行评估。

（3）电路分析

Multisim 14.3 可以对电路进行直流、交流、瞬态、谐波等分析，可用于分析电路的频率响应、稳态性能、瞬态响应等特性。

（4）PCB 设计

Multisim 14.3 提供了 PCB layout 功能，支持快速布局、自动走线、规则检查等功能，可以用于设计高质量的电路板。

（5）交互式嵌入式系统设计

Multisim 14.3 支持与 LabVIEW 等 NI 软件集成，可用于快速设计嵌入式系统，支持虚拟仪器、数据采集和控制。

（6）辅助设计工具

Multisim 14.3 还包括一些辅助设计工具，如 BOM（Bill of Material）报表生产工具、模型编辑器、器件库管理器等。

（7）多种元件库

Multisim 14.3 提供了数千种元件，涵盖了数字元件、模拟元件、微控制器、传感器等各种常用元件。

（8）协同设计

Multisim 14.3 支持多用户协同设计和仿真,使用者可以同时与团队成员或客户进行设计，在同一时间内电路共享，而不用担心设计会被他人覆盖。

（9）快速原型设计

Multisim 14.3 支持与 Ultiboard 交互操作，使得电路原型的设计和验证更加高效。

4.2　Multisim 14.3 的基本操作

本节先介绍 Multisim 14.3 的基本界面及基本工具栏的功能，然后再通过一个 Multisim 14.3 的操作案例介绍使用该软件进行电路仿真的一些基本操作，最后再详细介绍各菜单的具体功能。

4.2.1 Multisim 14.3 的基本界面

单击开始→程序→National Instruments → NI Multisim 14.3 命令，启动 NI Multisim 14.3，可以看到如图 4.2.1 所示的 NI Multisim 14.3 的主窗口。

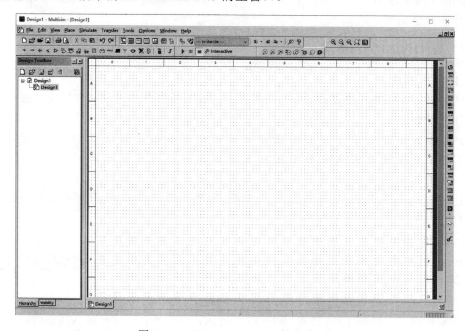

图 4.2.1 NI Multisim 14.3 的主窗口

（1）基本工具栏

NI Multisim 14.3 的基本工具栏如图 4.2.2 所示，其部分功能如下所述。

图 4.2.2 NI Multisim 14.3 的基本工具栏

新建文件——建立一个新的电路设计文件。

打开文件——打开已经保存的电路设计文件。

打开案例文件——打开 Multisim 软件中预先保存好的电路设计项目案例文件。

打印——打印机对电路设计文件直接进行打印。

打印预览——对电路设计文件进行打印预览。

剪切——将选定部分剪切至剪切板。

复制——将选定部分复制至剪切板。

粘贴——从剪切板粘贴。

撤销操作——撤销最近的一次操作。

取消撤销——取消最近一次执行的撤销操作。

设计工具箱——打开/关闭设计工具箱。

电子数据表格——打开/关闭电子数据表格。

Spice netlist 显示器——打开/关闭 Spice netlist 显示器。

面包板视图——进入面包板视图。

图示仪——进入图示仪。

后处理器——对仿真结果进一步处理。

文件列表——显示电路文件列表。

数据库管理——进入元器件数据库管理。

在用元件列表——在目前项目中使用的元器件列表。

传输到 Ultiboard——把设计文件传输到 Ultiboard。

（2）元器件选择工具栏

NI Multisim 14.3 的元器件选择工具栏如图 4.2.3 所示。

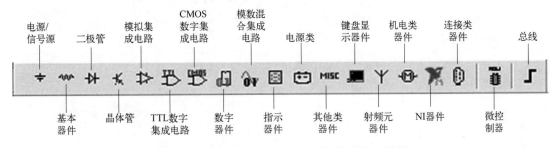

图 4.2.3　NI Multisim 14.3 的元器件选择工具栏

　　要选择某一个元器件，在元器件选择工具栏中点击相应类别元器件，则会弹出如图 4.2.4 所示的元器件选择对话框；在 Family 栏下选择元器件对应族系，然后在 Component 栏下选择相应的元器件，点击 OK，则鼠标箭头位置处会出现相应元器件图标；拖动鼠标箭头到相应位置，左键点击鼠标，则元器件会被放置在该位置。

（3）仿真分析工具栏

NI Multisim 14.3 的仿真分析工具栏如图 4.2.5 所示，其功能如下文所述。

运行——开始仿真运行。

暂停——暂停仿真运行。

停止——停止仿真运行。

"Interactive"——进入电路分析对话框。

（4）万用表工具栏

　　万用表工具栏如图 4.2.6 所示。单击万用表某一测量项（电压计、电流计等），则鼠标箭头变成该测量表图形，拖动鼠标到要测量的位置，点击鼠标左键，则测量表（电流表、功率计等）被放置在该位置进行测量，在仿真运行过程中实时显示被测量值。

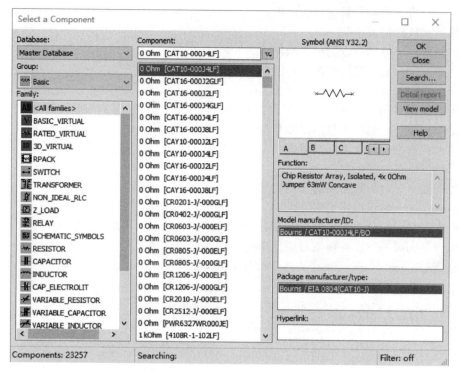

图 4.2.4　NI Multisim 14.3 的元器件选择对话框

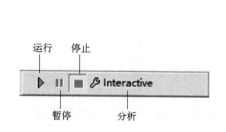

图 4.2.5　NI Multisim 14.3 的仿真分析工具栏

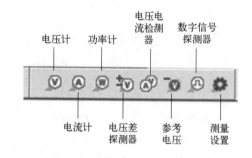

图 4.2.6　万用表工具栏

（5）仪器仪表栏

NI Multisim 14.3 的仪器仪表栏如图 4.2.7 所示。若要选用某仪器，单击该仪器图标，则工作空间内会出现该仪器的图像，移动鼠标到相应位置点击鼠标左键可以进行仪器放置。

4.2.2　Multisim 14.3 操作案例

本小节介绍的操作案例如图 4.2.8 所示。在该案例中，将学习元器件的选择、元器件参数设置、各元器件在图中布局摆放、元器件之间的连线，以及运行仿真等操作。实现该案例的具体操作步骤如下所述。

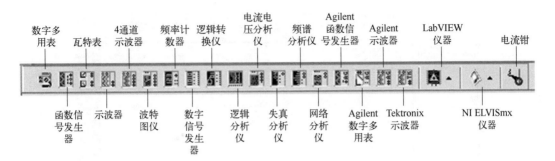

图 4.2.7　NI Multisim 14.3 的仪器仪表栏

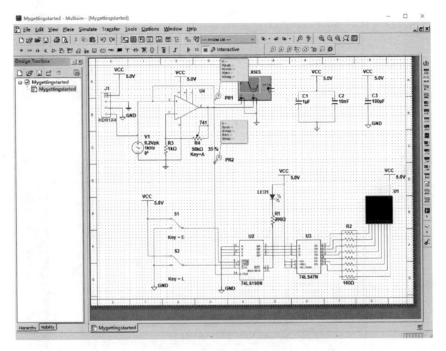

图 4.2.8　Multisim 案例❶

单击开始→程序→National Instruments → NI Multisim 14.3 命令，启动 NI Multisim 14.3。启动后的工作界面如图 4.2.9 所示。

点击 File→Save as，在文件名处填入名称为新文件命名，并选择文件保存在电脑中的文件夹，单击保存。此操作为该项目文件进行命名并确定了其在电脑磁盘中的保存位置，如图 4.2.10 所示。

（1）完成元器件放置

元器件的选择可以直接在软件基本界面中的元器件选择工具栏点击相应的元器件图标进行选择，或在菜单栏点击 Place（放置）菜单，点击该菜单下的 component（元器件），进入元器件选择窗口进行元器件选择，如图 4.2.11 所示。

---

❶ 软件中如电阻、二极管等图形符号不符合国家标准，本书为进行软件操作讲解，保留了这些电气图形符号的原貌，读者需注意。

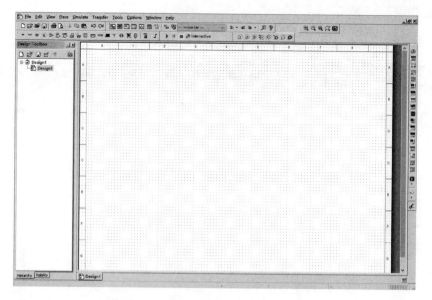

图 4.2.9　NI Multisim 14.3 的工作界面

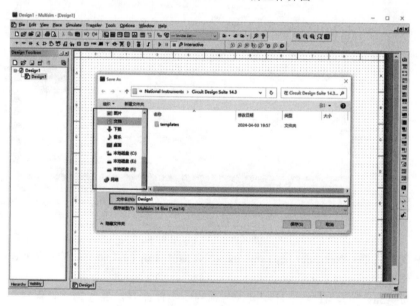

图 4.2.10　设置文件名及存储路径

本案例元器件选择操作如下所述。

单击 Place→Component，出现 Select a Component 窗口。在 Database 栏下选择 Master database，在 Group 栏下选择 Indicators，在 Family 栏下选择 HEX_DISPLAY，在 Component 栏下选择 SEVEN_SEG_DECIMAL_COM_A_BLUE，点击 OK。然后移动鼠标到工作空间中合适位置，再单击鼠标完成该元件放置，如图 4.2.12 所示。

在 Group 栏下选择 Sources，在 Family 栏下选择 POWER_SOURCES，在 Component 栏下选择 VCC，点击 OK，然后移动鼠标到工作空间中合适位置，再单击鼠标完成电源放置。

在 Component 栏下选择 DGND，点击 OK，然后移动鼠标到工作空间中合适位置，再单击鼠标完成放置。

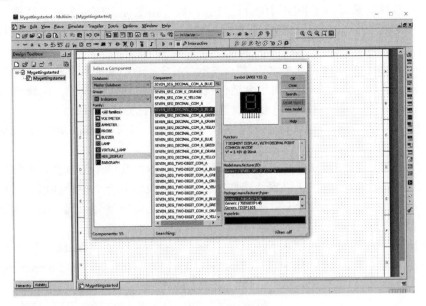

图 4.2.11　元器件选择窗口

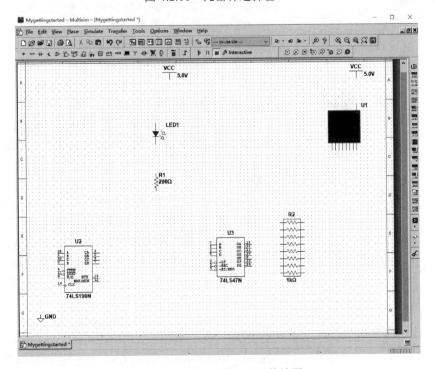

图 4.2.12　案例基本元器件放置

在 Group 栏下选择 Diodes，在 Family 栏下选择 LED，在 Component 栏下选择 LED_blue，

点击 OK。然后移动鼠标到工作空间中合适位置，再单击鼠标完成放置。

在 Group 栏下选择 Basic，在 Family 栏下选择 RESISTOR，在 Component 栏下选择 200，点击 OK，然后移动鼠标到工作空间中合适位置，再单击鼠标完成单个电阻放置。在 Family 栏下选择 RPACK，在 Component 栏下选择 8line_Isolated，点击 OK，然后移动鼠标到工作空间中合适位置，再单击鼠标完成电阻的放置。

在 Group 栏下选择 TTL，在 Family 栏下选择 74LS，在 Component 栏下选择 74LS190N，点击 OK，然后移动鼠标到工作空间中合适位置，再单击鼠标完成放置。选择 74LS47N，点击 OK，然后移动鼠标到工作空间中合适位置，再单击鼠标完成放置。

点击 close，关闭放置窗口。选中电阻 R1，右击鼠标，选择 Rotate 90°clockwise，将电阻旋转 90°。双击 R2，在 value 页面将电阻值改为 180Ω。

单击元器件图标并按住鼠标左键拖动图标可移动元器件在图中的位置，要移动一组元器件，需先按住鼠标左键拖动，在包含元器件所在区域拖拽形成一个矩形区域，可以同时选中在该区域内的元器件，按住鼠标左键拖拽，则所选中的元器件就会一起移动。本案例基本元器件放置如图 4.2.12 所示。

单击 Place→Component，出现 Select a Component 窗口。在 Database 栏下选择 Master database，在 Group 栏下选择 Basic，在 Family 栏下选择 SWITCH，在 Component 栏下选择 SPDT，点击 OK，然后移动鼠标到工作空间中合适位置，再单击鼠标完成该元件放置。在窗口中放置两个该元件以及 VCC 电源和 DGND 接地。关闭选择元器件窗口，选中开关元件右击鼠标，选择 flip horizontally，将元器件放置方向水平对调。元件放置如图 4.2.13 所示。

单击 Place→Component，出现 Select a Component 窗口。在 Database 栏下选择 Master database，在 Group 栏下选择 Anolog，在 Family 栏下选择 OPAMP，在 Component 栏下选择 741，点击 OK，然后移动鼠标到工作空间中合适位置，再单击鼠标完成该元件放置。

在 Group 栏下选择 Basic，在 Family 栏下选择 RESISTOR，在 Component 栏下选择 1k，点击 OK，然后移动鼠标到工作空间中合适位置，再单击鼠标完成该元件放置。

在 Group 栏下选择 Basic，在 Family 栏下选择 POTENTIOMETER，在 Component 栏下选择 50k，点击 OK，然后移动鼠标到工作空间中合适位置，再单击鼠标完成该元件放置。

在 Group 栏下选择 Sources，在 Family 栏下选择 SIGNAL_VOLTAGE_SOURCES，在 Component 栏下选择 AC_VOLTAGE，点击 OK，然后移动鼠标到工作空间

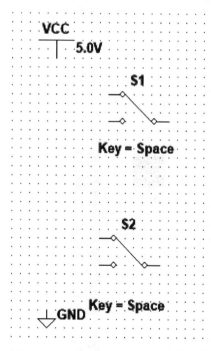

图 4.2.13 案例开关、VCC 电源以及 DGND 接地放置

中合适位置，再单击鼠标完成该元件放置。

在 Group 栏下选择 Sources，在 Family 栏下选择 POWER_SOURCES，分别放置 VCC 电源和 GROUND 接地。关闭元器件放置窗口，旋转电阻方向如图 4.2.14 所示。双击交流电源

V1，在 Value 页面将 Voltage（Pk）值改为 0.2V，如图 4.2.14 所示。

对于图中已有的元器件，也可以采用复制粘贴的办法再次放置。选中元器件，单击鼠标右键或者使用菜单 Edit→Copy（复制）和 Edit→Paste（粘贴）来进行放置。另外，还可以使用 Edit→Cut（剪切）、Edit→Delete（删除）来对元器件进行剪切和删除操作。

双击元器件，或者选择菜单 Edit→Properties，或单击鼠标右键选择 Properties，可以对元器件进行参数设置。

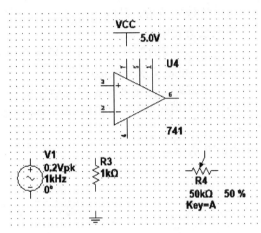

图 4.2.14　案例元器件放置 1

单击 Place→Component，出现 Select a Component 窗口。在 Database 栏下选择 Master database，在 Group 栏下选择 Basic，在 Family 栏下选择 CAP_ELECTROLIT，在 Component 栏下选择 1μ，点击 OK，然后移动鼠标到工作空间中合适位置，再单击鼠标完成该元件放置。接着依次放置 10nF 和 100μF 两个电容，并旋转为竖直方向。再依次放置电源和接地。放置情况如图 4.2.15 所示。

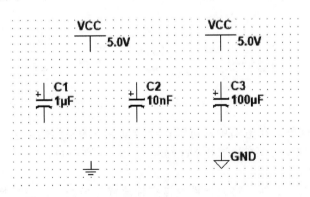

图 4.2.15　案例元器件放置 2

单击 Place→Component，出现 Select a Component 窗口。在 Database 栏下选择 Master database，在 Group 栏下选择 Connectors，在 Family 栏下选择 HEADERS_TEST，在 Component 栏下选择 HDR1X4，点击 OK，然后移动鼠标到工作空间中合适位置，再单击鼠标完成该元件放置。然后依次放置电源和接地，如图 4.2.16 所示。

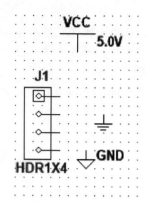

图 4.2.16　案例元器件放置 3

调整各元器件位置，使电路布局如图 4.2.8 所示。

（2）连线

① 连线的方法

用鼠标点击要连接的元器件引脚，鼠标变成十字准星，移动鼠标则出现导线，将鼠标移动到要连接的下一个元器件的引脚，点击鼠标，则可完成两个元器件的连线。

连线完成后，导线将自动选择合适的走向，不会与其他元器件或仪器发生交叉。

② 连线的删除与改动　鼠标左键单击导线，在键盘点击 Delete，可以实现导线的删除。

鼠标左键点击要连接的元器件引脚，鼠标变成十字准星，移动鼠标则出现导线，将鼠标移动到要连接的下一个元器件的引脚，点击鼠标，则可完成连线的改动。

所有元器件的连线如图 4.2.17 所示。

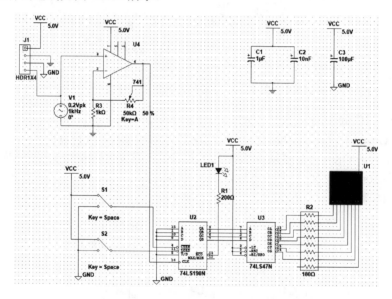

图 4.2.17　案例元器件连线图示

③ 改变导线的颜色　在电路中，可以将导线设置成为不同的颜色。将鼠标指针指向导线，单击右键可以出现快捷菜单，选择 Net color 选项，出现颜色选择框，可以更改导线颜色，如图 4.2.18 所示。

④ 在导线中插入元器件　将元器件直接拖拽放置在导线上，然后释放即可在电路中插入元器件。

⑤ 从电路中删除器件　选中要删除的元器件，点击右键，在快捷菜单中选择 Delete 即可。

⑥ 连接点的使用　点击 Place→Junction 命令，可以放置连接点。一个连接点可以连接来自 4 个方向的导线。

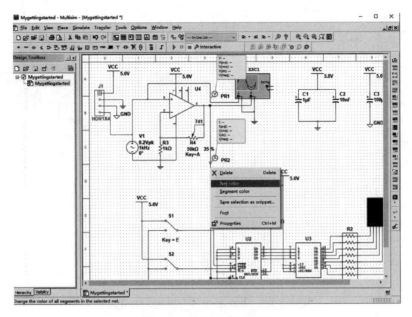

图 4.2.18　更改导线颜色

（3）仿真

① 为开关 S1、S2 设置快捷键　双击开关 S1，在 Value 界面下 Key for toggle 对话框中选择 E，为 S1 设置快捷键 E，如图 4.2.19 所示。双击开关 S2，在 Value 界面下 Key for toggle 对话框中选择 L，为 S2 设置快捷键 L。

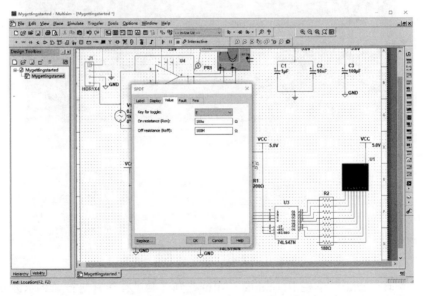

图 4.2.19　为开关 S1 设置快捷键

② 放置示波器　单击菜单栏 Simulate→instruments→Oscilloscope，放置示波器。放置接地并连线，如图 4.2.20 所示。

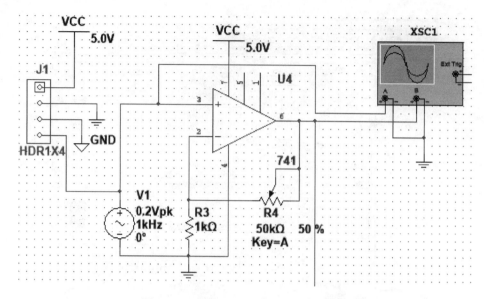

图 4.2.20 放置示波器及接地，并连线

双击示波器，显示示波器界面，如图 4.2.21 所示。

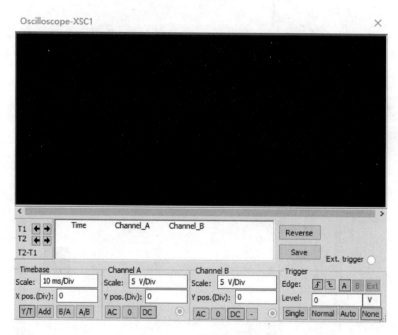

图 4.2.21 示波器界面

③ 运行仿真 点击菜单栏中 Simulate→Run，则开始进行仿真运行。将示波器 Timebase 调整到"2ms/Div"，将 Channel A 中 Scale 调整到"500mV/Div"，则示波器显示如图 4.2.22 所示。

仿真调整：

按下 E 键打开和关闭开关 S1，观察示波器。

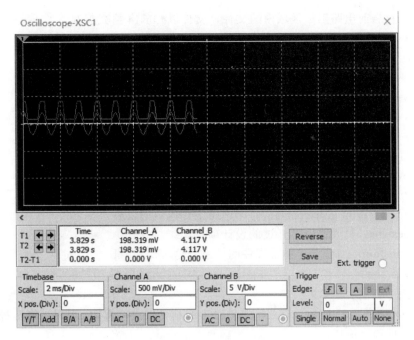

图 4.2.22　示波器实时测量

按下 L 键打开和关闭开关 S2，观察示波器。

按下 Shift+A 键减小可变电阻 R4 的阻值，观察示波器变化；按下 A 键增加阻值，观察示波器变化。

4.2.3　Multisim 14.3 菜单栏介绍

Multisim14.3 菜单栏如图 4.2.23 所示，提供了文件、编辑、视图、放置、仿真、文件输出、工具、选项、窗口、帮助 10 个菜单。

图 4.2.23　菜单栏

（1）File（文件）菜单

File（文件）菜单如图 4.2.24 所示。该菜单提供系列文件操作命令，如打开、保存和打印等，File 菜单中的主要命令及功能如下。

New：建立一个新的设计文件。

Open：打开一个已存在的设计文件。

Open samples：打开案例库。

Close：关闭当前电路工作区域内的文件。

Close all：关闭电路工作区域内的所有文件。

Save：保存当前电路工作区域内的文件，文件以*.ms14 格式保存。

Save as：将当前电路工作区域内的文件另存一个文件。

Save all：将电路工作区内所有文件保存。

Snippets→Save selection as snippets：把选中的区域存为一个片段。

Snippets→Save active design as snippets：把当前设计存为片段。

Snippets→Paste snippets：粘贴片段。

Snippets→open snippet file：打开片段文件。

Print：打印。

Print preview：打印预览。

Print options→Print sheet setup：打印页面设置。

Print options→Print instruments：打印电路工作区内的仪表。

Recent designs：打开最近打开过的设计项目。

File information：当前设计项目文件的信息。

Exit：退出。

（2）Edit（编辑）菜单

Edit 菜单如图 4.2.25 所示。该菜单提供对电路和元件进行剪切、粘贴、旋转等操作命令，主要命令及功能如下所述。

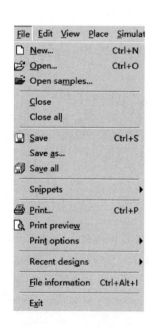

图 4.2.24　文件菜单

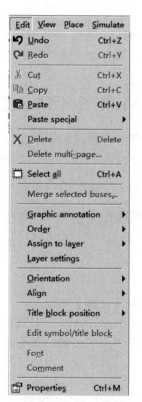

图 4.2.25　编辑菜单

Undo：取消前一次操作。

Redo：恢复前一次操作。

Cut：剪切所选择的元器件，放在剪切板中。

Copy：将所选择元器件复制到剪切板中。

Paste：将剪切板中的元器件粘贴到指定的位置。

Paste special：特殊的粘贴操作。

Delete：删除所选择的元器件。

Delete multi-page：删除多页。

Select all：选择电路中所有的元器件、导线和仪器仪表。

Merge selected buses：合并选中的总线。

Graphic annotation：图形注释。

Order：顺序选择。

Assign to layer：图层赋值。

Layer settings：图层设置。

Orientation：按选择的旋转方向旋转。选择方向包括 Flip Horizontally（将所选择的元器件左右旋转）、Flip Vertically（将所选择的元器件上下旋转）、90 Clockwise（将所选择的元器件顺时针旋转 90°）、90CounterCW（将所选择的元器件逆时针旋转 90°）。

Align：对齐方式。

Title block position：工程图明细表位置。

Edit symbol/title block：编辑符号/工程明细表。

Font：字体设置。

Comment：注释。

Properties：属性。

（3）View（视图）菜单

View 菜单如图 4.2.26 所示。该菜单提供关于界面显示的操作命令，主要命令及功能如下。

Full screen：全屏。

Parent sheet：层次。

Zoom in：放大显示视图。

Zoom out：缩小显示视图。

Zoom area：放大区域。

Zoom sheet：缩放本页到合适大小。

Zoom to magnification：按比例放大到合适的页面。

Zoom selection：放大当前所选定的区域。

Grid：显示（不显示）网格。

Border：显示（不显示）边界。

Print page bounds：打印（不打印）页面边界。

图 4.2.26　视图菜单

Ruler bars：显示（不显示）标尺栏。

Status bar：显示（不显示）状态栏。

Design Toolbox：显示（不显示）设计工具箱。

Spreadsheet View：显示（不显示）电子数据表。

SPICE Netlist Viewer：显示（不显示）SPICE Netlist 显示器。

LabVIEW Co-simulation Terminals：显示（不显示）LabVIEW 联合仿真终端。

Circuit Parameters：显示（不显示）电路参数。

Description Box：显示（不显示）电路描述工具箱。

Toolbars：选择在工具栏中要显示的项目。

Show Comment/Probe：显示（不显示）注释/标注。

Grapher：显示（不显示）图形编辑器。

（4）Place（放置）菜单

Place（放置）菜单如图 4.2.27 所示。该菜单中命令可以实现在电路工作区域内放置元器件、连接点、总线和文字等功能。

Component：放置元器件。

Probe：放置测量表（电流表、电压表等）。

Junction：放置节点。

Wire：放置导线。

Bus：放置总线。

Connectors：放置输入/输出端口连接器。

New subcircuit：创建子电路。

Replace by subcircuit：子电路替换。

New PLD subcircuit：创建新的 PLD 子电路。

Comment：放置注释。

Text：放置文本。

Graphics：放置图形。

Circuit parameter legend：放置电路参数说明。

Title block：放置标题栏。

（5）Simulate（仿真）菜单

Simulate 菜单如图 4.2.28 所示。该菜单提供电路仿真设置与操作的命令。

Run：运行。

Pause：暂停。

Stop：停止。

Analyses and simulation：仿真分析。

Instruments：仪器仪表选择。

Mixed-mode simulation settings：混合模式仿真设定。

Probe settings：测量仪表设定。

Reverse probe direction：反向探针方向。

Locate reference probe：定位参考仪表。

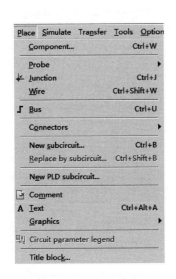

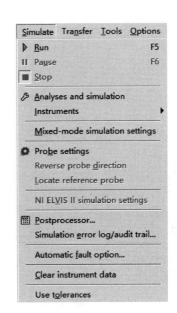

图 4.2.27　放置（元器件）菜单　　　　　图 4.2.28　仿真菜单

NI ELVIS Ⅱ simulation settings：NI ELVIS 仿真设定。

Postprocessor：启动后处理器。

Simulation error log/audit trail：仿真误差记录/查询索引。

Auto matic fault option：自动故障选择。

Clear instrument data：清除仪器数据。

Use tolerances：使用公差。

（6）Transfer（文件输出）菜单

Transfer（文件输出）菜单如图 4.2.29 所示，主要命令如下。

Transfer to Ultiboard：将电路图传送给 Ultiboard。

Forward annotate to Ultiboard：本文件更改同步到 Ultiboard。

Backward annotate from file：其他文件更改同步到本文件。

Export SPICE netlist：导出 SPICE netlist。

Highlight selection in Ultiboard：突出 Ultiboard 中选择的部分。

（7）Tools（工具）菜单

Tools（工具）菜单如图 4.2.30 所示。该菜单提供元器件和电路编辑或管理命令。

Component wizard：元器件编辑器。

Database：数据库。

SPICE netlist viewer：SPICE netlist 显示器。

Advanced RefDes configuration：参考设计配置。

Replace components：替换元器件。

Update components：更新元器件。

Update subsheet symbols：更新子页面符号。

图 4.2.29　文件输出菜单

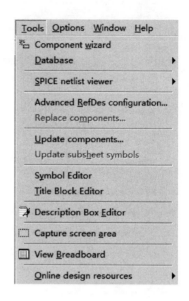

图 4.2.30　工具菜单

Symbol Editor：符号编辑器。

Title block Editor：标题栏编辑器。

Capture screen area：抓图范围。

View Breadboard：面包板视图。

Online design resources：在线设计资源。

（8）Options（选项）菜单

Options（选项）菜单如图 4.2.31 所示。该菜单提供电路界面和某些功能的设定命令。

Global options：通用选项设定。

Sheet properties：页面参数设置。

Global restrictions：通用参数限定设置。

Circuit restrictions：电路参数限定设置。

Lock toolbars：锁定工具栏。

Customize interface：用户界面设置。

（9）Window（窗口）菜单

Window（窗口）菜单如图 4.2.32 所示。该菜单提供窗口操作命令。

New window：新建窗口。

Close：关闭窗口。

Close all：关闭所有窗口。

Cascade：窗口层叠。

Tile horizontally：窗口水平平铺。

Tile vertically：窗口垂直平铺。

Next window：显示下一个窗口。

Previous window：显示前一个窗口。

Windows：显示所有窗口。

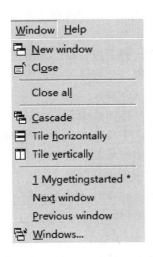

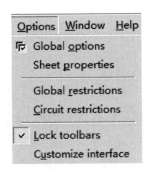

图 4.2.31　选项菜单　　　　　　　　　　图 4.2.32　窗口菜单

（10）Help（帮助）菜单

Help（帮助）菜单如图 4.2.33 所示，为用户提供在线使用帮助和指导。

Multisim help：Multisim 帮助文件。

NI ELVISmx help：NI ELVISmx 帮助文件。

Getting Started：新手使用指导。

New Features and Improvements：新特征和改进。

Product tiers：产品类别。

Patents：专利信息。

Find examples：寻找案例。

About Multisim：Multisim 相关信息。

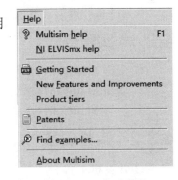

图 4.2.33　帮助菜单

4.2.4　其他操作

（1）创建子电路

子电路是由用户自己定义的一个电路，可存放在自定义元器件库中供电路设计时反复调用。利用子电路可以使大型的、复杂系统的设计模块化、层次化，从而提高设计效率。

子电路创建步骤如下：

① 先在工作区内连接好一个电路。

② 然后用拖框（按住鼠标左键拖动）将电路选中。单击 Place→New subcircuit 命令，出现子电路对话框。

③ 输入电路名称，单击 OK 按钮，生成一个子电路。

④ 点击 File→Save 命令可以保存生成的子电路。

（2）在电路工作区内输入文字

点击 Place→Text 命令，然后单击需要放置文字的位置，可以在该处放置一个文字块。在文字输入框中输入所需要的文字。文字输入完毕后，单击文字输入框以外的地方，文字输入框会自动消失。如果要改变文字颜色，用鼠标指向文字块，单击鼠标右键打开快捷菜单，选取 Pen Color 命令，在"颜色"对话框选择需要的文字颜色。如果需要移动文字，用鼠标左键点击文字，然后按住鼠标左键拖动即可。如果需要删除文字，先用鼠标左键点击文字，再单击鼠标右键打开快捷菜单，选取 Delete 命令即可。

（3）输入注释

利用注释描述框输入文本可以对电路的功能、使用说明等进行详尽的描述，并且在需要查看时打开，不需要时关闭，不占用电路窗口空间。点击 Place→Comment 命令，打开对话框，在其中输入需要说明的文字，可以保存和打印所输入的文本。

（4）编辑图纸标题栏

点击 Place→Title block 命令，打开一个标题栏文件选择对话框，在标题栏文件中包括 10个可以选择的标题栏文件。

4.3　Multisim 14.3 仿真实验应用举例

本节以共射极单管放大器模拟仿真为例，介绍 Multisim14.3 在电子技术仿真中的应用。

4.3.1　实验目的

① 学习 Multisim14.3 仿真共射极单管放大器电路画图方法。
② 学习 Multisim14.3 仿真共射极单管放大器电路的静态分析方法。
③ 学习 Multisim14.3 仿真共射极单管放大器电路的动态分析方法。

4.3.2　实验设备

① 计算机 1 台、
② Multisim14.3 软件 1 套。

4.3.3　实验原理

图 4.3.1 所示为电阻分压式静态工作点稳定的单管放大器电路图，偏置电路采用 RB1 和 RB2+RW 组成的分压电路，在发射极中接有电阻 RE，以稳定放大器静态工作点。当在放大器的输入端加入信号 u_i 后，在放大器的输出端便可得到一个与 u_i 相位相反、幅值被放大了的输出信号 u_o，从而实现电压放大。

在 Multisim14.3 软件中找到晶体管、电阻、电容、开关、电源、示波器等元器件，按图 4.3.1 连接实验电路。

双击电位器 RW，出现如图 4.3.2 所示的对话框，单击 Value 选项。在 Key 栏下可以选择调节电位器电阻大小的快捷键，默认为 A 键。在 Increment 对话栏中可以选择增加或减少的百分比，默认为 5%。在电位器 RW 旁标注文字"Key=A"表明按键盘上的 A 键，电位器阻值按每次减小 5%的速度减小。若要增加，按下 Shift+A 键，阻值将以每次增加 5%的速度增加。电位器变动的数值大小直接以百分比的形式显示在旁边。

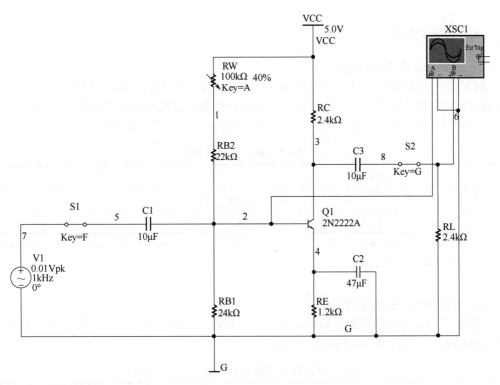

图 4.3.1 单管放大器电路图

单击开关 S1，在弹出对话框的 Key 栏下可以选择开关快捷键。开关 S2 也可如此操作。

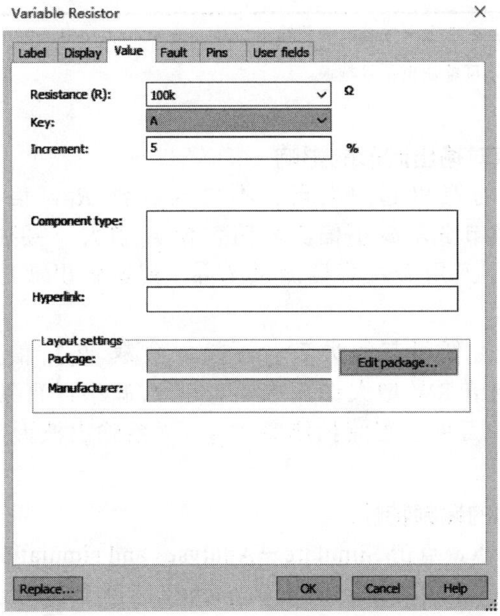

图 4.3.2 可变电阻器对话框

4.3.4 实验内容

（1）放大器静态工作点分析

按图 4.3.1 在 Multisim14.3 中连接实验电路。闭合开关 S1，点击工具栏中运行按钮进行仿真运行。逐渐增大信号，同时调节 RW 并在输出端用示波器观察输出波形 u_o 出现临界失真状态（输出波形最大且不失真）。然后用万用表测试其静态工作点，将数据记入表 4.3.1 中。

表 4.3.1 静态工作点测试

测量值				计算值		
U_B/V	U_E/V	U_C/V	(RB2+RW)/V	U_{BE}/V	U_{CE}/V	I_C/mA

注：运行仿真也可以通过菜单栏中的 Simulate 菜单实现。点击 Simulate→Analyses and simulation→Interactive Simulation，点击 Run，则开始仿真运行。

（2）测量放大器的电压放大倍数

将输入端信号发生器调整 f=1kHz、U_i=3～15mV，在表 4.3.2 条件下，用万用表测量放大器输出端的 U_o，并用示波器测量 u_i、u_o 的波形。

表 4.3.2 电压放大倍数测量（U_i=_____mV）

R_L/kΩ	U_i/mV	U_o/mV	A_u
∞			
2.4			

注：单击信号发生器，在 Value 选项卡下可以调整输出信号。在 Voltage（Pk）栏下可以调节信号发生器输出信号的幅值。在 Frequency（F）栏下可以调整输出信号频率。

（3）观察静态工作点对输出波形的影响

① 观察静态工作点过高引起的失真。不接入负载 R_L，信号发生器输入 f=1kHz、U_i=3～15mV 的信号。调节 RW 减小偏流电阻，使 I_B 增大，直到示波器观察的输出波形 u_o 出现明显失真。用数字万用表直流挡测量 U_{CE}，观察输出波形，进行失真判别。将结果记入表 4.3.3 中。

② 观察静态工作点过低引起的失真。不接入负载 R_L，信号发生器输入 f=1kHz、U_i=3～15mV 的信号。调节 RW 增大偏流电阻，使 I_B 减小，直到示波器观察的输出波形 u_o 出现明显失真。用数字万用表直流挡测量 U_{CE}，观察输出波形，进行失真判别。将结果记入表 4.3.3 中。

（4）测定交流放大器的幅频特性

调节 RW 至最佳工作点，点击 Simulate→Analyses and simulation→AC sweep 命令。系统弹出对话框，Start frequency 选择 10Hz，Stop frequency 选择 10MHz，Sweep type 选择 Decade，Number of points per decade 选择 10，纵坐标选择 Logarithmic（对数）。在 Output 选项卡中设置输出节点，然后单击 Run 按钮即可观察输出电路的幅频特性和相频特性。

表 4.3.3　静态工作点对输出波形的影响

条件	U_{CE}/V	输出波形	失真情况
RW 减小			
RW 增大			

4.3.5　思考题

① 简述实验原理、方法与步骤。

② 如何设置三极管的放大倍数？

第5章

模拟电子技术实验

5.1 常用电子仪器的使用

5.1.1 实验目的

① 学习电子技术实验中常用的双踪示波器、函数信号发生器、直流稳压电源、交流毫伏表、数字万用表等仪器仪表的使用方法。

② 熟悉双踪示波器、函数信号发生器、直流稳压电源、交流毫伏表、数字万用表等仪器仪表的特点及使用注意事项。

5.1.2 实验设备

① 双踪示波器 1 台。

② 函数信号发生器 1 台。

③ 交流毫伏表 1 台。

④ 直流稳压电源 1 台。

⑤ 数字万用表 1 台。

5.1.3 实验原理

（1）双踪示波器

示波器是一种常用的电子仪器，它将电信号变换成波形直观地显示在荧屏上。示波器不仅能显示波形，还能测量频率、周期、幅度、相位等。

（2）函数信号发生器

函数信号发生器是一种能产生函数信号的仪器，应用非常广泛。函数信号发生器能按需输出正弦波、方波、三角波等多种信号的波形，输出电压和输出信号频率一般都可以连续调节。函数信号发生器作为信号源时，其输出端不允许短路。

（3）直流稳压电源

直流稳压电源是将交流电转变为稳定直流电的设备，可以提供一定的直流电压和电流，也能够显示当前的直流电压和电流。输出电压由接线柱"+""-"间电压提供。通过电压、电流旋钮可以调节输出电压与电流的大小。

（4）交流毫伏表

交流毫伏表用于测量交流信号的电压有效值。交流毫伏表须工作在其测量电压范围和测量频率范围内。超出测量频率范围使用，测量误差会增大。超出电压测量范围使用时，交流毫伏表一般会发出警告。为防止过载损坏，一般在使用前把量程开关置于较大位置，使用过程中根据情况逐渐调节量程。

（5）数字万用表

万用表是一种多功能、多量程的测量仪表，一般数字万用表可测量直流电压、直流电流、交流电压、交流电流、电阻、电容等，还能进行二极管测试。

① 电阻测量　将黑表笔插入"COM"孔，红表笔插入"V/Ω/Hz"插孔。将旋钮开关转动至相应的电阻量程，将两表笔跨接在被测电阻上。电阻值显示在液晶屏上。

注意：不要在电阻量程输入电压。测量在线电阻时，要确认被测电路所有电源已关断且所有电容都已完成放电。

② 直流电压的测量　将黑表笔插入"COM"孔，红表笔插入"V/Ω/Hz"插孔。将旋钮开关转动至相应的 DCV 量程，将两表笔跨接在被测电路上。红表笔所接的该点电压与极性显示在屏幕上。

③ 交流电压的测量　将测量开关转动至 ACV 量程上，其余步骤与直流电压测量相同。

④ 直流电流的测量　将黑表笔插入"COM"孔，红表笔插入"mA"插孔（最大测量 2A），或将红表笔插入"20A"插孔（最大测量 20A）。将旋钮开关转动至相应的 DCA 量程，将仪表串入被测电路中，被测电流值及红表笔端的电流极性将同时显示在屏幕上。

⑤ 交流电流的测量　将测量开关转动至 ACA 量程上，其余步骤与直流电流测量相同。

⑥ 电容的测量　将测量开关转动至电容测量量程上，将测试电容插入"Cx"插孔。

若被测电容超过所选量程的最大值，显示器将只有最高位显示"1"，其余位消隐，此时应将开关转向较高的一挡。

⑦ 二极管测试　将黑表笔插入"COM"孔，红表笔插入"V/Ω/Hz"插孔。将旋钮开关转动至二极管测试量程，将表笔接到待测试二极管上。若红表笔接二极管正极，读数为二极管导通电压近似值。

5.1.4　实验内容

（1）示波器使用练习

① 水平扫描基线调节。将示波器的通道选择开关 CH1 或 CH2 键按下，其输入耦合方式开关"接地"键按下，扫描方式开关置于"自动"位。开启电源开关后，调节"辉度""聚焦"等旋钮，使荧光屏上显示一条亮度适中且清晰的水平扫描基线。然后调节水平"位移"和"垂直"位移旋钮，使扫描线位于屏幕中央。

待示波器水平扫描线显示正常后，务必将"接地"键弹出，否则，输入信号将被断开，示波器无法显示被测信号的波形。

② 示波器校准。将示波器"校准信号"通过测试缆线输入 CH1 或 CH2（按下开关通道），将 Y 轴输入耦合方式开关置于"AC"或"DC"位，触发方式开关选择"常态"位，触发源选择开关置于选定测量通道上。调节"水平扫描速率"开关和"Y 轴灵敏度"开关，使屏幕显示一个或数个稳定的方波。

将 Y 轴"灵敏度微调"旋钮置于"校准"位置，"Y 轴灵敏度"开关置于适当位置，读取校准信号幅度，记入表 5.1.1 中。

将扫描速率"微调"旋钮置于"校准"位置，"水平扫描速率"开关置于适当位置，读取校准信号周期，转换成频率，与标准值对比。

如果测量值与标准值差别不大，即完成测量校准。

表 5.1.1　示波器校准信号的测量

信号	标准值	实测值
幅度 U_{P-P}/V		
频率 f/kHz		

（2）函数信号发生器、双踪示波器、交流毫伏表的使用练习

① 参考图 5.1.1 将函数信号发生器、交流毫伏表与示波器相连。

② 调节函数发生器的有关旋钮，输出频率为 100Hz 的正弦波。

③ 用交流毫伏表测量函数信号发生器的输出电压，同时调节函数信号发生器的输出旋钮，必要时调其衰减器开关，使交流毫伏表的读数为 1V。

④ 正确调节示波器，使它显示稳定的正弦波。将示波器灵敏度调节微调旋钮和扫描微调旋钮都逆时针转到底，使微调指示灯熄灭，调节示波器"水平扫描速率"开关及"Y 轴灵敏度"开关至适当位置，分别测量信号源输出电压的周期、频率及峰-峰值，记入表 5.1.2 中。

⑤ 改变信号发生器的输出频率分别为 1kHz、10kHz、100kHz，重复上述测量过程，将结果记入表 5.1.2 中。

表 5.1.2　示波器和交流毫伏表的测量

信号频率	毫伏表测量值/V	示波器测量值			
		周期/ms	频率/Hz	峰-峰值/V	有效值/V
100Hz					
1kHz					
10kHz					
100kHz					

（3）测量波形的相位差

① 把双踪显示方式开关置于"交替"位，将 CH1 和 CH2 输入耦合方式开关"接地"键按下，调节 CH1、CH2 的垂直位移旋钮，使两条水平扫描基线重合。

② 将 CH1、CH2 输入耦合方式开关"接地"键弹出，置"AC"位，触发方式开关置于"常态"位，触发源选择开关选为"CH1"，按下扫描方式"自动"键。

③ 按图 5.1.1 连接实验电路，将函数信号发生器的输出调节为频率 1kHz、最大值为 2V

的正弦波，经 RC 移相网络获得频率相同但是相位不同的两路信号，分别加到双踪示波器的 CH1 和 CH2 输入端。

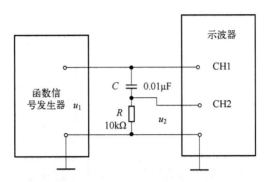

图 5.1.1　测量两波形相位差

④ 调节触发电平旋钮、水平扫描速率开关及 CH1、CH2 灵敏度开关的位置，使荧屏上显示出易于观察的两个相位不同的正弦波形。为使读数和计算方便，可适当调节水平扫描速率开关及微调旋钮，使波形的一个周期占整数格。

根据两个波形在水平方向的间隔 X 和信号周期 X_T，可求得两波形间的相位差，即

$$\theta = \frac{X(\mathrm{div})}{X_\mathrm{T}(\mathrm{div})} \times 360°$$

式中，X_T 为信号一个周期所占格数；X 为两波形在 X 轴方向间隔的格数。

将测量与计算结果记入表 5.1.3 中。

表 5.1.3　相位差的测量

一个周期的格数	两波形在 X 轴方向间隔的格数	相位差	
		实测值	计算值
$X_\mathrm{T}=$	$X=$		

5.1.5　思考题

① 函数信号发生器有哪几种波形？
② 交流毫伏表能测量非正弦交流电压吗？

5.2　单级阻容耦合放大器

5.2.1　实验目的

① 理解放大器工作原理。
② 学会放大器静态工作点的测量和调试方法，了解静态工作点对放大器性能的影响。
③ 掌握放大器性能指标的测量方法，了解负载对放大器性能的影响。

④ 熟悉常用电子仪器的使用方法。

5.2.2 实验设备

① 直流稳压电源 1 台。
② 函数信号发生器 1 台。
③ 数字示波器 1 台。
④ 交流毫伏表 1 台。
⑤ 数字万用表 1 台。

5.2.3 实验原理

电阻分压式静态工作点稳定的单级阻容耦合放大器，能将频率从几十赫兹到几兆赫兹的交流信号进行不失真地放大，是放大器中最基本的电路。虽然实用电路中很少采用单级放大器，但是它的分析方法、计算公式、电路的调试技术和放大器性能的测试方法等，都具有普遍意义。

单级阻容耦合共发射极放大器电路如图 5.2.1 所示，其为基极电阻分压式静态工作点稳定的放大电路。它的偏置电路是采用 R_{B1} 和 R_{B2} 组成的分压电路，稳定晶体管基极电位；在发射极中接有直流反馈电阻 R_E，与基极分压电阻共同作用稳定静态工作点；电位器 R_W 用来调整合适的静态工作点；R_S 作为辅助电阻被用来测量放大器的输入电阻。

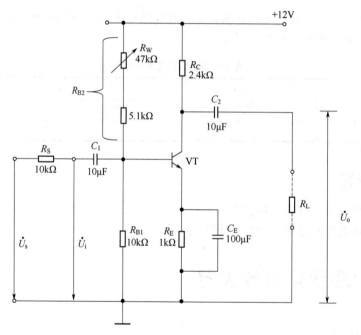

图 5.2.1 单级阻容耦合共发射极放大器电路

（1）静态工作点

放大器的静态参数有 I_B、I_C、U_{BE}、U_{CE} 等，设置合适的静态工作点，是放大器不失真放大信号的基础。在图 5.2.1 所示的电路中，当流过偏置电阻 R_{B1} 和 R_{B2} 的电流远大于晶体管

VT 的基极电流 I_B 时（一般大于 10 倍以上），它的静态工作点可用下式估算。

$$U_B \approx \frac{R_{B1}}{R_{B1}+R_{B2}}V_{CC}$$

$$I_C \approx I_E \approx \frac{U_B - U_{BE}}{R_E} \approx (1+\beta)I_B$$

$$U_{CE} = V_{CC} - I_C(R_C + R_E)$$

（2）动态参数分析

① 交流电压放大倍数

$$A_u = -\beta\frac{R_C//R_L}{r_{be}}$$

② 输入电阻

$$R_i = R_{B1}//R_{B2}//r_{be}$$

③ 输出电阻

$$R_o \approx R_C$$

（3）电路调试与测量

静态工作点的调整，应在输入信号 $u_i = 0$ 的情况下进行，即将放大器输入端与地端短接，然后用万用表分别测量晶体管的集电极电流 I_C 及晶体管的结电压 U_{BE}、U_{CE} 等。

静态工作点是否合适，对放大器的性能和输出波形都有很大影响。若工作点偏高，放大器容易产生饱和失真（如图 5.2.2 所示），此时输出电压 u_o 的负半周将不完整。若工作点偏低，放大器容易产生截止失真（如图 5.2.3 所示），此时输出电压 u_o 的正半周将不完整。选定合适的静态工作点后，还必须进行动态调试，在放大器的输入端加入一定的输入电压 u_i，检查输出电压 u_o 的大小和波形是否满足要求。

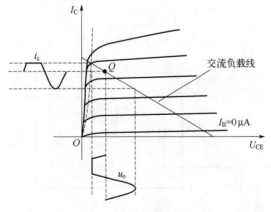

图 5.2.2　饱和失真

在实验中，调节电路中可变电阻 R_W 大小可以调节偏置电阻大小，进而可以改变 U_B 的大小以达到调整静态工作点的目的。

放大器动态指标包括：电压放大倍数、输入电阻、输出电阻、最大不失真输出电压和通频带等参数。

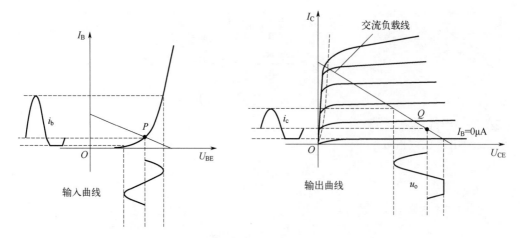

图 5.2.3　截止失真

① 电压放大倍数　调整好静态工作点以后，在放大器的输入端加入交流电压 u_i，在输出电压不失真的情况下，用交流毫伏表分别测出 u_i 和 u_o 的有效值 U_i 和 U_o，则可以计算出电压放大倍数为

$$A_u = \frac{U_o}{U_i}$$

② 输入电阻 R_i 和输出电阻 R_o　输入电阻和输出电阻是从放大器输入端和输出端看进去的交流等效电阻，实验中一般采用换算的方法来测量。放大器输入电阻和输出电阻的测量原理框图如图 5.2.4 所示。

a. 输入电阻的测量。在被测放大器的输入端与信号源之间串入已知电阻 R_s，在放大器正常工作的情况下，用交流毫伏表测出 U_s 和 U_i，可以计算出输入电阻为

$$R_i = \frac{U_i}{I_i} = \frac{U_i}{\dfrac{U_s - U_i}{R_s}} = \frac{U_i}{U_s - U_i} R_s$$

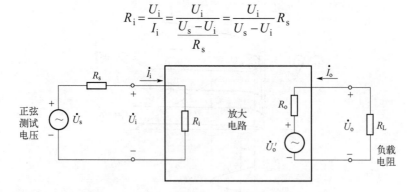

图 5.2.4　放大电路输入电阻和输出电阻的测量

b. 输出电阻的测量。如图 5.2.4 所示，在放大器正常工作条件下，测出放大器不接负载的电压有效值 U_o 和带负载的输出电压 U_L，根据公式

$$U_L = \frac{R_L}{R_o + R_L} U_o$$

即可求出

$$R_o = \left(\frac{U_o}{U_L} - 1 \right) R_L$$

测试中应注意：必须保持 R_L 接入前后输入信号的大小不变。

③ 最大不失真输出电压 U_{oPP}　最大不失真输出电压是放大电路输出电压峰-峰值能够达到的最大限度，是衡量放大电路动态范围的主要指标。测量过程逐步增大输入信号 u_i 的幅度，用示波器观察输出电压 u_o，当输出波形临界失真之前，输出正弦信号波形最大，此时可以用示波器读出最大不失真输出电压 U_{oPP}，也可以用交流毫伏表测量输出电压的有效值，再换算出峰-峰值。

④ 通频带　由于耦合电容 C_1、C_2 和旁路电容 C_E 的存在，A_u 随信号频率的降低而减小；又因分布电容的存在及晶体管共射截止频率的限制，A_u 随信号频率的升高而减小。交流放大电路的中频放大倍数为 A_{um}，高于或低于中频区域，A_u 都要减小。描述 A_u 与 f 的曲线称为放大器的幅频特性曲线，如图 5.2.5 所示。图 5.2.5 中 $A_u = 0.707A_{um}$ 所对应的频率 f_L 和 f_H，分别称为下限频率和上限频率。f_{BW} 称为放大器的通频带，其值为 $f_{BW} = f_H - f_L$。

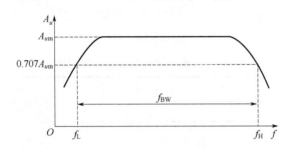

图 5.2.5　放大电路的幅频特性曲线

5.2.4　实验内容及步骤

（1）连接放大电路观察放大电路输出波形

按图 5.2.1 搭接单管共发射极放大器电路，并参照测量系统（图 5.2.6）连接组成测量系统。为防止干扰，各仪器的公共端（地线）必须连在一起。接通+12V 直流电源，调节函数发生器输出 10kHz 一定幅度的正弦信号，在示波器上观察放大电路的输出波形。调节变阻器 R_W 的大小，并适当调节输入信号的幅度，用示波器观察失真情况，将观测结果填入表 5.2.1。

表 5.2.1　观察截止失真和饱和失真

I_C /mA	U_{CE} /V	U_o 的波形	失真情况

（2）调整并测量静态工作点，并测量动态范围 U_{oPP}

仔细调节 R_W 并配合调节函数发生器的输出幅度，用示波器观察输出波形，直到正负峰刚刚不发生削波失真（只要输入电压 u_i 略微增大，输出信号正负峰同时发生削波失真）为止，用示波器和交流毫伏表测出放大器最大不失真输出电压 U_{oPP} 及 U_o 的值，记入表 5.2.2 中。

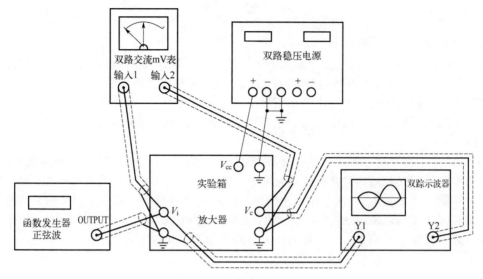

图 5.2.6　测量系统示意图

表 5.2.2　最大不失真输出电压测量

I_C /mA	U_{im} /V	U_{om} /V	U_{oPP} /V

断开函数发生器的输出电缆，将放大器的输入端对地短路，用数字万用表测量 U_B、U_C、U_E，记录在表 5.2.3 中，并计算静态工作点，其中 $U_{BE} = U_B - U_E$。

表 5.2.3　静态工作点测量

测量值				计算值		
U_B /V	U_E /V	U_C /V	R_B /Ω	U_{BE} /V	U_{CE} /V	I_C /mA

（3）测量电压放大倍数

在放大器输入端输入 $u_i = 10\text{mV}$、$f = 10\text{kHz}$ 的正弦信号，用示波器观察输出信号 u_o，在输出波形不失真的情况下用交流毫伏表测出 u_i 和 u_o，并计算放大倍数，将计算和测量结果填入表 5.2.4。计算电压放大倍数的公式为

$$A_u = \frac{U_o}{U_i}$$

表 5.2.4　放大倍数的测量

R_C /kΩ	R_L /kΩ	U_o /V	A_u
2.4	∞		
2.4	2.4		

（4）测量输入电阻 R_i 和输出电阻 R_o。

① 输入电阻 R_i 的测量　输入电阻测量电路如图 5.2.7 所示，在放大器输入端串入 1kΩ电阻 R_s，在 u_s 端输入 $u_s = 10\text{mV}$、$f = 10\text{kHz}$ 的正弦信号，用交流毫伏表分别测出 U_i 和 U_s 的值，R_i 值用下式计算，并填入表 5.2.5 中。

$$R_i = \frac{U_i}{I_i} = \frac{U_i}{\dfrac{U_{R_s}}{R_s}} = \frac{U_i}{U_s - U_i} R_s$$

表 5.2.5　输入电阻的测量

U_s /mV	U_i /mV	R_i / kΩ

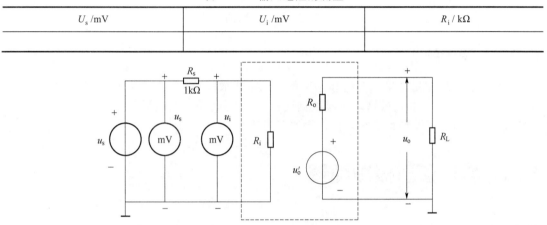

图 5.2.7　输入电阻的测量

② 输出电阻 R_o 的测量　输出电阻测量电路如图 5.2.8 所示，在输入信号电压 $u_i = 10\text{mV}$、频率 $f = 10\text{kHz}$ 的情况下，断开负载 R_L，用交流毫伏表测空载时的输出电压 U_o；然后连接负载电阻 R_L，再测有载输出电压 U_L，通过以下公式计算 R_o 值填入表 5.2.6。

$$R_o = \left(\frac{U_o}{U_L} - 1 \right) R_L$$

表 5.2.6　输出电阻的测量

U_L /mV	U_o /mV	R_o / kΩ

（5）测量放大器的上限频率 f_H 和下限频率 f_L

在输入信号幅度 $u_i = 10\text{mV}$、频率 $f = 10\text{kHz}$ 时，用交流毫伏表测输出电压 U_{om}；此时测得中频电压放大倍数。然后保持输入信号幅度不变，提高输入信号频率直到放大器输出电压下降为 $U_o = 0.707U_{om}$，这时所对应的信号频率即为放大器的上限频率 f_H；继续保持输入信号幅度不变，降低信号频率直到放大器输出电压降低为 $U_o = 0.707U_{om}$，这时所对应的信号频率即为放大器的下限频率 f_L。

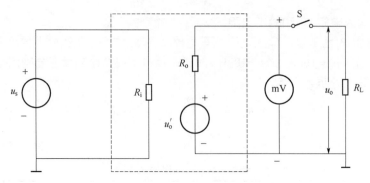

图 5.2.8　输出电阻的测量

5.2.5　思考题

① 列表整理测量结果，并把静态工作点、电压放大倍数、输入电阻、输出电阻的测量数据与理论计算数据相比较（取一组数据比较），分析讨论实验结果？

② 放大器输出波形有哪些失真？应如何解决？

5.3　晶体管射极跟随器

5.3.1　实验目的

① 进一步理解射极跟随器的原理及特性。

② 掌握射极跟随器的测试方法。

③ 了解射极跟随器的应用。

5.3.2　实验设备

① 直流稳压电源 1 台。

② 函数信号发生器 1 台。

③ 双踪示波器 1 台。

④ 交流毫伏表 1 台。

⑤ 数字万用表 1 台。

5.3.3　实验原理

射极跟随器具有输入电阻大、输出电阻小，从信号源索取的电流小且带负载能力强的特点，多用于多级放大器的输入级和输出级，也可以用来连接两个电路，以减少电路直接连接带来的影响，起缓冲作用。实验电路如图 5.3.1 所示，其发射极放置发射极电阻 R_E，输出信号取自晶体管的发射极，是一个电压串联负反馈放大电路。通过调整 R_W 调节晶体管的基极电流，可以实现实验电路静态工作点的调整。

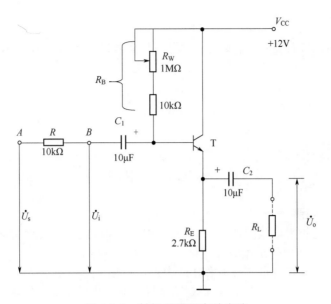

图 5.3.1 射极跟随器实验电路

（1）电压放大倍数

图 5.3.1 实验电路的放大倍数为

$$A_u = \frac{(1+\beta)(R_E // R_L)}{r_{be} + (1+\beta)(R_E // R_L)}$$

射极跟随器的输入电压与输出电压相位相同，放大倍数接近于 1 但是略小于 1，因此射极跟随器没有电压放大能力，但因为发射极电流远大于基极电流，所以它具有电流放大和功率放大作用。

（2）输入电阻 R_i

根据图 5.3.1 实验电路，可得输入电阻为

$$R_i = R_B // [r_{be} + (1+\beta)(R_E + R_L)]$$

可见，射极跟随器的输入电阻比单管 共发射极放大器电路高很多，但由于基极偏置电阻 R_B 的分流作用，限制了输入电阻的进一步提高。

输入电阻的测试方法使用换算法，在被测放大器的输入端与信号源之间串入已知电阻 R，在放大器正常工作的情况下，用交流毫伏表测出 U_s 和 U_i，可以计算出输入电阻为

$$R_i = \frac{U_i}{I_i} = \frac{U_i}{U_s - U_i} R$$

（3）输出电阻 R_o

图 5.3.1 实验电路考虑信号源内阻时的电路输出电阻为

$$R_o = R_E // \frac{r_{be} + (R_B // R)}{1+\beta}$$

由上式可知，射极跟随器输出电阻比单管共射极放大器电路小很多，而且 β 越高，输出

电阻越小。

在放大器正常工作的条件下，测出放大器不接负载的电压有效值 U_o 和带负载的输出电压 U_L，根据公式

$$U_L = \frac{R_L}{R_o + R_L} U_o$$

即可求出

$$R_o = \left(\frac{U_o}{U_L} - 1 \right) R_L$$

（4）电压跟随范围

电压跟随范围是指射极跟随器输出电压 u_o 跟随输入电压 u_i 做线性变化的区域。当 u_i 超过一定范围时，u_o 便不能跟随 u_i 做线性变化，u_o 的波形就会失真。

测量时，静态工作点设置在交流负载的中点，将输入电压由小逐渐增大，同时用示波器监视，在输出电压不失真的情况下，读取峰-峰值，即为电压跟随范围。

5.3.4 实验内容

（1）静态工作点的调整

实验电路按图 5.3.1 接线。接通+12V 直流电源，在放大电路输入端加信号源，输入一定幅度 f=1kHz 的正弦信号，用示波器观察输出波形，反复调节 R_W 和函数发生器的输出幅度，在示波器屏幕上得到一个最大且不失真的输出波形（只要输入电压 u_i 略微增大，输出信号正负峰同时发生削波失真），静态工作点调整完毕。然后将信号源断开，用万用表直流电压挡测量晶体管各极对地的电位，将数据记入表 5.3.1 中。

表 5.3.1 静态工作点的测量

U_E/V	U_B/V	U_C/V	I_E/mA	U_{CE}/V

（2）测量电压放大倍数

接入负载 R_L=1kΩ，在放大电路输入端加信号源输入 f=1kHz 的正弦信号，调节信号发生器的幅度旋钮，用示波器观察输出波形，在最大且不失真的情况下，用交流毫伏表测量 U_i（B 点）以及负载上的 U_L 值，将数据记入表 5.3.2 中。

表 5.3.2 电压放大倍数的测量

U_i/V	U_L/V	A_u

（3）测量输出电阻

在放大电路输入端加信号源输入 f=1kHz 的正弦信号，用示波器观察输出波形，分别测量空载输出电压和有负载（R_L=1kΩ）时的输出电压，计算输出电阻，将数据记入表 5.3.3 中。

表 5.3.3　输出电阻的测量

$U_{\mathrm{o}}/\mathrm{V}$	$U_{\mathrm{L}}/\mathrm{V}$	$R_{\mathrm{o}}/\mathrm{k}\Omega$

（4）测量输入电阻

在放大电路输入端加信号源输入 $f=1\mathrm{kHz}$ 的正弦信号，用示波器观察输出波形，在最大且不失真的情况下，用交流毫伏表分别测量 A 点处的 U_{S} 和 B 点处的 U_{i}，计算输入电阻，将数据记入表 5.3.4 中。

表 5.3.4　输入电阻的测量

$U_{\mathrm{s}}/\mathrm{V}$	$U_{\mathrm{i}}/\mathrm{V}$	$R_{\mathrm{i}}/\mathrm{k}\Omega$

（5）测试跟随特性

接入负载 $R_{\mathrm{L}}=1\mathrm{k}\Omega$，在放大电路输入端加信号源输入 $f=1\mathrm{kHz}$ 的正弦信号，逐渐增大信号幅度，用示波器观察输出波形，在最大且不失真的情况下，测量 U_{i} 及对应的 U_{L} 值，将数据记入表 5.3.5 中。

表 5.3.5　跟随特性的测试

$U_{\mathrm{i}}/\mathrm{V}$	
$U_{\mathrm{L}}/\mathrm{V}$	

（6）测试频率相应特性

保持输入信号的幅度不变，改变信号源频率，用示波器查看输出波形，用交流毫伏表测量不同频率下的输出电压 U_{L} 值，记入表 5.3.6 中。

表 5.3.6　频率相应特性的测试

f/Hz								
$U_{\mathrm{L}}/\mathrm{mV}$								

5.3.5　思考题

① 射极跟随器的特点是什么？
② 射极跟随器有电流放大、功率放大功能吗？
③ 整理并分析实验数据，分析射极跟随器的性能特点。

5.4　多级放大器的实验研究

5.4.1　实验目的

① 了解多级放大器的组成、工作原理和级间耦合方法。

② 掌握多级放大器性能指标的测试方法。

③ 探究多级放大器各级静态参数与动态参数。

5.4.2 实验设备

① 直流稳压电源 1 台。

② 函数信号发生器 1 台。

③ 双踪示波器 1 台。

④ 交流毫伏表 1 台。

⑤ 数字万用表 1 台。

5.4.3 实验原理

在实际应用中，常对放大电路的性能提出多方面的要求，例如，要求一个放大电路具备高增益、高输入阻抗、低输出阻抗以及一定的通频带等多项指标。仅靠单级放大器不可能同时满足上述要求，这时就可选择多个基本放大电路，将它们合理连接构成多级放大电路。在多级放大电路中，级与级之间的耦合方式有四种：直接耦合、阻容耦合、变压器耦合和光电耦合。直接耦合既能放大交流信号，也能放大直流信号；但直接耦合前后级之间存在直流通路，各级静态工作点相互影响。另外直接耦合会带来很大的零点漂移，特别是在高增益情况下，漂移甚至使输出饱和。阻容耦合与变压器耦合适用于交流放大。光电耦合适用于交直流放大，但是由于光电耦合器需要外接较多的元件，故只有在制作隔离放大器或隔离接口时才被使用。实际上使用集成运放做交流放大器时，多采用阻容耦合。故这里以阻容耦合放大器为例进行实验。

实验电路原理图如图 5.4.1 所示，为两级阻容耦合放大器。两级放大器均为基极分压式带直流反馈的静态工作点稳定的电路，级间由电容 C_2 耦合。图 5.4.1 中第一级引入了交流反馈 R_{F1}，以起到提高输入电阻和稳定放大倍数的作用。

由于 C_2 的隔直流作用，前后两级的工作点是独立的。静态工作点的计算分别进行，由下列各式给出。

$$U_{B1} \approx \frac{R_{B1}}{R_{B1} + R_{B2}} V_{CC}$$

$$I_{C1} \approx I_{E1} \approx \frac{U_{B1} - U_{BE1}}{R_{E1} + R_{F1}} \approx (1 + \beta) I_{B1}$$

$$U_{CE1} = V_{CC} - I_{C1}(R_{C1} + R_{E1} + R_{F1})$$

$$U_{B2} \approx \frac{R_{B22}}{R_{B21} + R_{B22} + R_{W2}} V_{CC}$$

$$I_{C2} \approx I_{E2} \approx \frac{U_{B2} - U_{BE2}}{R_{E2}} \approx (1 + \beta) I_{B2}$$

$$U_{CE2} = V_{CC} - I_{C2}(R_{C2} + R_{E2})$$

动态参数计算由下列各式求出。

$$\dot{A}_u = \dot{A}_{u1} \cdot \dot{A}_{u2} = \left[-\beta_1 \frac{R_{\mathrm{C1}} // R_{\mathrm{i2}}}{r_{\mathrm{be1}} + (1+\beta)R_{\mathrm{F1}}} \right] \left(-\beta_2 \frac{R_{\mathrm{C2}} // R_{\mathrm{L}}}{r_{\mathrm{be2}}} \right)$$

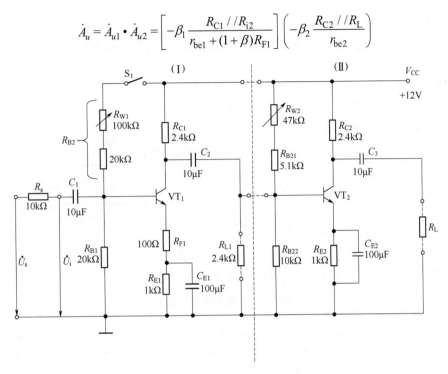

图 5.4.1　多级放大电路实验模块

式中，$R_{\mathrm{i2}} \approx r_{\mathrm{be2}}$

$$R_{\mathrm{i}} = R_{\mathrm{i1}} = R_{\mathrm{B1}} // R_{\mathrm{B2}} // \left[r_{\mathrm{be}} + (1+\beta)R_{\mathrm{F1}} \right]$$

$$R_{\mathrm{o}} = R_{\mathrm{o2}} \approx R_{\mathrm{C2}}$$

5.4.4　实验内容

（1）静态工作点的调试与测量

实验电路按图 5.4.1 接线，连接仪器组成实验系统，输入 $f=1\mathrm{kHz}$、幅度适当（$5 \sim 10\mathrm{mV}$）的正弦交流信号，仔细调节 R_{W1}、R_{W2}，用示波器观察输入、输出波形，使放大器处于正常工作状态。

用数字万用表分别测出 U_{B1}、U_{E1}、U_{C1} 和 U_{B2}、U_{E2}、U_{C2} 的值，计算静态工作点，记入表 5.4.1 中。

表 5.4.1　静态工作点的测量

项目	测量值			计算值		
（Ⅰ）级	U_{B1} /V	U_{E1} /V	U_{C1} /V	I_{BE1} /mA	U_{CE1} /V	I_{C1} /mA
（Ⅱ）级	U_{B2} /V	U_{E2} /V	U_{C2} /V	U_{BE2} /V	U_{CE2} /V	I_{C2} /mA

（2）电压放大倍数的测量

在小信号下，测量第一级放大器的电压放大倍数 A_{u1}、第二级放大器的电压放大倍数 A_{u2} 和多级放大器的电压放大倍数 A_u。

在输入端输入幅值为 3mV、f=1kHz 的正弦交流信号，用交流毫伏表分别测出 U_i、U_{o1} 和 U_o，并求放大倍数的大小 $|\dot{A}_{u1}| = U_{o1}/U_i$、$|\dot{A}_{u2}| = U_o/U_{i2} = U_o/U_{o1}$、$|\dot{A}_u| = U_o/U_i$，将数据记入表 5.4.2 中，并验证 $\dot{A}_u = \dot{A}_{u1} \cdot \dot{A}_{u2}$。

表 5.4.2　电压放大倍数的测量

U_i /mV	U_{o1} /mV	U_o /V	A_{u1}	A_{u2}	A_u

（3）输入电阻和输出电阻的测量

测量多级放大器的输入电阻 R_i 和输出电阻 R_o，输入幅值为 10mV、f=1kHz 的正弦交流信号。测量方法及计算方法参考单级阻容耦合放大器的实验，将测量结果记入表 5.4.3 中。

表 5.4.3　放大倍数的测量

U_S /mV	U_i /mV	R_i /Ω	U_o' /V	U_o /V	R_o /Ω

（4）测量放大器的上限频率 f_H 和下限频率 f_L

首先输入 u_i = 3mV、f=1kHz 的正弦交流信号，用交流毫伏表测出中频输出电压 U_{om}，然后调节函数信号发生器，提高信号频率直到输出电压 $U_o = 0.707U_{om}$，这时所对应的信号频率即为放大器的上限频率 f_H。保持输入信号不变，降低信号频率直到输出电压 $U_o = 0.707U_{om}$，这时所对应的信号频率即为放大器的下限频率 f_L。将测量结果填入表 5.4.4 中。

表 5.4.4　放大器的上限频率 f_H 和下限频率 f_L

f_L /Hz	f_H /Hz	f_{BW} /Hz

5.4.5　思考题

① 在测量多级放大器的静态工作点时，如果将输入端开路可以吗？为什么？
② 整理并分析实验数据，分析多级放大器的性能特点。
③ 分析实验中出现的问题，总结实验收获。

5.5　差分放大器

5.5.1　实验目的

① 深入理解差分放大器的性能及结构特点。

② 学习测量差分放大器的差模电压增益、共模电压增益等主要性能指标的测量方法。

③ 了解长尾式差分放大电路、恒流源差分放大电路的结构特点及性能。

5.5.2　实验设备

① 函数信号发生器 1 台。

② 双踪示波器 1 台。

③ 直流稳压电源 1 台。

④ 交流毫伏表 1 台。

⑤ 数字万用表 1 台。

5.5.3　实验原理

差分放大器是一种零点漂移十分微小的直流放大器。在分立元件电路中，它常作为多级直流放大器的前置级，用来放大缓慢变化的交流信号，由于差分放大器采用直接耦合方式，便于集成，因此在模拟集成电路中得到广泛应用。

实验电路如图 5.5.1 所示，将两个电路结构、参数均相同的基本共射极放大电路组合在一起，就可以构成差分放大电路的基本形式。当开关 S 拨向左边时，构成长尾式差分放大电路。电阻 R_3、R_4 为外接平衡电阻，它们使外加差模电压均衡地加在两个输入端。左右放大电路完全对称，差分对管 VT_1、VT_2 为两个特性相同的三极管。电位器 R_W 用来调节静态工作点，使得当输入信号 U_i 为零时，双端输出电压 U_o 也为零。R_E 为两管共用的发射极电阻，对共模信号有较强的负反馈作用，可以有效地抑制零点漂移，稳定静态工作点。但该电阻对差模信号无负反馈作用，并不影响差模电压的放大倍数。R_E 越大，共模抑制比越高。

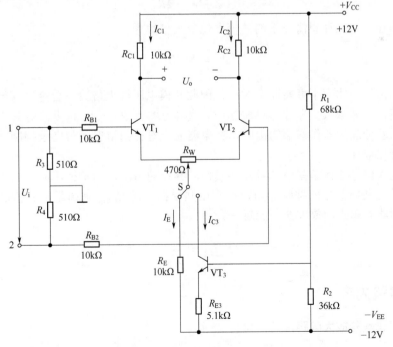

图 5.5.1　差分放大电路

当开关拨向右边时，恒流源电路为差分放大电路提供稳定的发射极电流，可以进一步提高差分放大电路对共模信号的抑制能力。

（1）差模电压放大倍数

假设在电路对称、空载情况下双端输出时，差分放大器的差模电压放大倍数为

$$A_d = \frac{u_o}{u_i} = \frac{\beta R_C}{R_B + r_{be} + \frac{1}{2}(1+\beta)R_W}$$

对于单端输出，差分放大器的电压放大倍数为

$$A_{d1} = \frac{u_{C1}}{u_i} = \frac{1}{2}A_d$$

$$A_{d2} = \frac{u_{C2}}{u_i} = -\frac{1}{2}A_d$$

（2）共模电压放大倍数

当输入共模信号时，若为单端输出，则电压放大倍数为

$$A_{C1} = A_{C2} = \frac{u_{C1}}{u_i} = \frac{-\beta R_C}{R_B + r_{be} + \frac{1}{2}R_W(1+\beta) + 2(1+\beta)R_E}$$

通常 $\beta \gg 1$，$2(1+\beta)R_E \gg R_B + r_{be} + \frac{1}{2}R_W(1+\beta)$，故上式可化简为

$$A_{C1} = A_{C2} \approx -\frac{R_C}{2R_E}$$

若为双端输出，在理想情况下的共模电压放大倍数为

$$A_C = \frac{u_o}{u_i} = 0$$

实际上，由于晶体管不可能完全对称，因此共模电压放大倍数不会绝对等于零。

综上所述，当差分放大器作单端输出时，通常 $2R_E > R_C$，R_E 越大，对共模信号的抑制能力越强。当差分放大器作双端输出时，在电路完全对称的情况下可完全抑制共模信号。

（3）共模抑制比

实际的输入信号往往是差模信号和共模信号共存的情况。为了说明差分放大器对差模信号的放大以及对共模信号的抑制能力，通常用共模抑制比 K_{CMR} 来衡量，其值越大，则对共模信号的抑制能力越强，放大器性能越好。

$$K_{CMR} = \left| \frac{A_d}{A_C} \right|$$

5.5.4 实验内容

（1）长尾式差分放大电路性能测试

实验电路如图 5.5.1 所示，将开关 S 拨向左侧构成长尾式差分放大电路。

① 调节与测量静态工作点

a. 调节放大电路零点。不接入信号源，不接入负载电阻，将输入端 1、2 对地短接。接通正、负 12V 直流电源，用万用表直流电压挡测量输出电压 U_o，调节 R_W 使两输出端相对输出直流电压值 U_o 逐渐减小到零。

b. 测量静态工作点。调好放大电路零点后，用万用表直流电压挡测量 VT_1、VT_2 管各极对地电压及发射极电阻 R_E 两端电压 U_{RE}，将测量结果填入表 5.5.1 并与理论计算值进行比较。

表 5.5.1　差分放大器静态工作点

测量值						
U_{B1} /V	U_{E1} /V	U_{C1} /V	U_{B2} /V	U_{E2} /V	U_{C2} /V	U_{RE} /V
计算值						
I_{C1} /mA	U_{BE1} /V	U_{CE1} /V	I_{C2} /mA	U_{BE2} /V	U_{CE2} /V	I_{RE} /mA

注意：在调节电位器 R_W 时，万用表先置于较高电压挡进行粗调，然后置于最小量程挡进行细调。

② 测量差模电压放大倍数（考虑单端输入形式）　断开差分放大器与函数信号发生器，将输入端 2 接地。将函数信号发生器与差分放大器 1 端连接，函数信号发生器与实验电路共地。

接通仪器和实验电路电源，调节函数信号发生器，从输入端 1 和地之间输入 $f = 1\text{kHz}$、大小适当（其有效值约为 100mV）的差模电压信号。在调节过程中，使函数信号发生器信号从零逐渐增大，并用示波器监视差分放大器的单端输出，确保输出波形无失真。

在波形无失真的情况下，用交流毫伏表测出输入的电压 U_i 和输出的电压 U_{C1}、U_{C2} 的值，并观察 u_i、u_{C1}、u_{C2} 之间的相位关系，以及 U_{RE} 随 U_i 的变化情况。将数据记入表 5.5.2 中。

表 5.5.2　长尾式差分放大电路差模电压放大倍数、共模电压放大倍数

项目	差模特性	共模特性
U_i	100mV	1V
U_{C1} /V		
U_{C2} /V		
$A_{d1} = \dfrac{U_{C1}}{U_i}$		—
$A_d = \dfrac{U_o}{U_i}$		
$A_{C1} = \dfrac{U_{C1}}{U_i}$	—	
$A_C = \dfrac{U_o}{U_i}$		
$K_{CMR} = \left| \dfrac{A_{d1}}{A_{C1}} \right|$		

③ 测量共模电压放大倍数　将输入端 1、2 两点短接，函数信号发生器的输出端接差分放大器 1 端，函数信号发生器和差分放大器共地。

调节函数信号发生器，在 1（或 2）点与地之间输入 $f = 1\text{kHz}$、有效值约为 500mV 的共模信号。用示波器监视差分放大器的单端输出，在波形无失真的情况下，用交流毫伏表测出其输入电压 U_i 和输出电压 U_{C1}、U_{C2} 的值，并观察 u_i、u_{C1}、u_{C2} 之间的相位关系，以及 U_{RE} 随 U_i 的变化情况。将数据记入表 5.5.2 中。

④ 计算共模抑制比　根据 A_d、A_C 值，计算 K_{CMR} 值。

（2）恒流源式差分放大电路性能测试

将实验电路开关 S 拨向右侧，构成恒流源式差分放大电路。重复上述实验内容的步骤，将数据记入表 5.5.3 中。

表 5.5.3　恒流源式差分放大电路差模电压放大倍数、共模电压放大倍数

项目	差模特性	共模特性
U_i	100mV	1V
U_{C1}/V		
U_{C2}/V		
$A_{d1} = \dfrac{U_{C1}}{U_i}$		/
$A_d = \dfrac{U_o}{U_i}$		/
$A_{C1} = \dfrac{U_{C1}}{U_i}$	/	
$A_C = \dfrac{U_o}{U_i}$	/	
$K_{CMR} = \left\| \dfrac{A_{d1}}{A_{C1}} \right\|$		

5.5.5　思考题

① 根据实验结果，总结电阻 R_E 和恒流源的作用。
② 整理并分析实验数据，分析差分放大器的性能特点。
③ 完成表格内的计算。

5.6　负反馈放大器

5.6.1　实验目的

① 研究负反馈对放大器各项性能的影响。
② 学习负反馈放大器性能指标的测试方法。

③ 加深对放大电路负反馈的理解。

5.6.2 实验设备

① 直流稳压电源 1 台。
② 函数信号发生器 1 台。
③ 双踪示波器 1 台。
④ 交流毫伏表 1 台。
⑤ 数字万用表 1 台。

5.6.3 实验原理

把放大器输出信号的部分或全部通过一定的电路网络馈送到输入回路，以影响其输入信号的连接方式，称为反馈。仅对直流信号有反馈作用的反馈称直流反馈，只对交流信号起反馈作用的反馈称为交流反馈，对交直流信号都有反馈作用的反馈称交直流反馈。无反馈的放大器简称"开环"。有反馈的放大器简称"闭环"。

反馈有正反馈和负反馈之分。若反馈削弱了输入信号，使放大倍数减小，这样的反馈称为负反馈。反之为正反馈。正反馈一般用于振荡电路中，而负反馈常用于放大电路中。负反馈能改善放大电路多个动态指标，它可以提高放大器增益的稳定性，改变放大器输入、输出阻抗，提高放大器的信噪比，扩展放大器的通频带，提高放大器输入信号的动态范围，降低放大器的增益。在放大电路中引入负反馈，是改善放大电路性能的基本方法，几乎所有的放大器都带有这样或那样的负反馈。

负反馈实验电路如图 5.6.1 所示。将实验电路中开关 S_2 接通后，在电路中引入了级间的电压串联负反馈。两级电路均是电阻分压式共发射极放大电路，电路中 R_{W1} 和 R_{W2} 分别用来调整两级静态工作点。

（1）闭环电压放大倍数

若放大电路的开环电压放大倍数为 A，反馈系数为 F，则闭环电压放大倍数为

$$A_f = \frac{U_o}{U_i} = \frac{A}{1+AF}$$

式中，$1+AF$ 为反馈深度。反馈深度决定了负反馈对放大器性能改善的程度。
在本实验电路中，反馈电压由 R_f 与发射极电阻 R_{F1} 分压形成，反馈系数大小为

$$F = \frac{R_{F1}}{R_f + R_{F1}}$$

（2）输入电阻

$$R_{if} = (1+AF)R_i$$

（3）输出电阻

$$R_{of} = \frac{R_o}{(1+AF)}$$

由以上分析可以看出，电压串联负反馈的引入，能增大电路的输入电阻，减小电路的输

出电阻，改善放大器的性能。

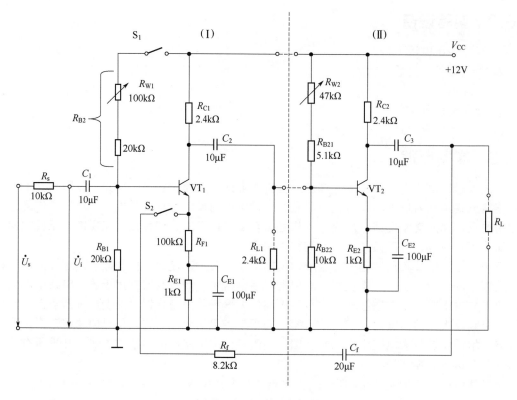

图 5.6.1　负反馈放大器

5.6.4　实验内容

（1）调试并测量静态工作点

按图 5.6.1 连接电路，连接仪器组成实验系统，输入 f=1kHz、幅度适当（5～10mV）的正弦交流信号，仔细调节 R_{W1}、R_{W2}，用示波器观察输入、输出波形，使放大器处于正常工作状态。用数字万用表直流电压挡测量静态工作点，记入表 5.6.1 中。

表 5.6.1　静态工作点的测量

项目	U_B /V	U_E /V	U_C /V	I_C /mA
第一级				
第二级				

（2）输入电阻的测量

由于串联负反馈使放大器的输入电阻大大增大，若测量使用的交流毫伏表输入电阻不够高，就会引起测量误差。可用测量输出电压的方法算出放大器的输入电阻。输入电阻 R_i 的测量电路如图 5.6.2 所示。首先不接 R（即将 S 闭合），将 u_s 调整为 10mV、1kHz 的正弦交流信号；用交流毫伏表测出这时的输出电压 U_o；然后接入 R（将 S 断开），u_s 仍保持为 10mV、

1kHz 的正弦交流信号；再测量输出电压 U_o'，由下式计算闭环输入电阻 R_i，将结果记入表 5.6.2 中。

$$R_i = \frac{U_o'}{U_o - U_o'} R$$

表 5.6.2　输入电阻的测量

U_o /mV	U_o' /mV	R_i /kΩ

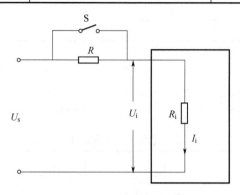

图 5.6.2　输入电阻的测量

（3）输出电阻的测量

输出电阻的测试电路如图 5.6.3 所示。仍输入 10mV、1kHz 的正弦交流信号，用交流毫伏表分别测量 S 断开、闭合时，放大器输出电压 U_o'、U_o，由下式计算闭环输出电阻 R_o，即

$$R_o = \frac{U_o' - U_o}{I_o} = \frac{U_o' - U_o}{U_o} R_L$$

将结果记入表 5.6.3 中。

表 5.6.3　输出电阻的测量

U_o /mV	U_o' /mV	R_o /Ω

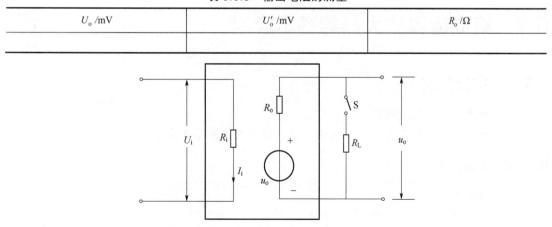

图 5.6.3　输出电阻的测量

（4）通频带测量

在放大器输入端输入中等频率信号 u_s（如 10mV、1kHz 的正弦交流信号），测出相应的输出电压，计算增益 $A_{uf} = U_i / U_o$。然后分别增加和减小输入信号频率（输入信号幅值不变），使基本放大器的输出电压有效值下降到 $0.707 U_o$，该时刻对应的信号频率分别是放大器通频带上限频率 f_H 和下限频率 f_L。将结果记入表 5.6.4 中。

表 5.6.4　中等频率放大倍数及通频带测量

中等频率放大倍数			通频带		
U_i /mV	U_o /mV	A_{uf}	f_L	f_H	f_{BW}

（5）稳定度测量

在放大器输入端输入 10mV、1kHz 的正弦交流信号。改变放大器的电源电压，即将直流电源 V_{CC} 调偏 ±4V，测量其对输出电压 U_o 的影响。将测量结果填入表 5.6.5 中。

表 5.6.5　稳定度测量

$V_{CC} = 8V$		$V_{CC} = 16V$		稳定度
U_o /mV	A_{uf}	U_o /mV	A_{uf}	$\Delta A_{uf} / A_{uf}$

5.6.5　思考题

① 在本实验中，测输入电阻时，为了减小误差，采取测输出电压的办法，试说明此法为什么在高输入电阻测量中可减小测量误差？

② 如果输入信号存在失真，能否用负反馈来改善？

③ 根据实验结果，总结电压串联负反馈对放大器性能的影响。

5.7　集成运算放大器的基本应用

5.7.1　实验目的

① 理解集成运算放大器的性能和特点。

② 掌握集成运算放大器在模拟运算与信号放大方面的基本应用。

5.7.2　实验设备

① 函数发生器 1 台。

② 双踪示波器 1 台。

③ 双路直流稳压电源 1 台。

④ 交流毫伏表 1 台。

⑤ 数字万用表 1 台。

5.7.3 实验原理

集成运算放大器（简称集成运放）是性能优良的直接耦合放大器件。它具有开环电压增益高，通用型运放通常在 10^5 左右、输出阻抗低(几百欧姆以下)、输入阻抗高（$10^4 \sim 10^{12}\ \Omega$）等特点。集成运放是一种通用性较强的线性集成器件。其通用性在于：若在其输出端与输入端之间加上不同的反馈网络，便可实现不同的电路功能。集成运放加入深度线性负反馈，可以实现比例、加、减、微分和积分等运算；施加非线性负反馈，可以实现对数、指数、乘、除等运算以及其他非线性变换功能；施加线性或非线性正反馈，或将正负两种反馈结合，可以产生各种模拟信号等。集成运放的基本应用之一是构成各种运算电路。

（1）反相比例运算电路

反相比例放大器如图 5.7.1 所示。信号由反相端输入，R_1 和 R_F 组成负反馈网络，引入电压并联负反馈。在理想条件下，反相端为"虚地"，而且 $i_1 = i_F$，则输出电压为

$$u_o = -\frac{R_F}{R_1} u_i$$

即输出电压与输入电压成比例，比例系数即电压放大倍数为

$$A_f = -\frac{R_F}{R_1}$$

可见，由于电路中引入深度负反馈，闭环放大倍数 A_f 完全由反馈元件值确定。改变比值 $\frac{R_F}{R_1}$，可灵活地改变 A_f 的大小。式中的负号表示输出信号与输入信号反相。

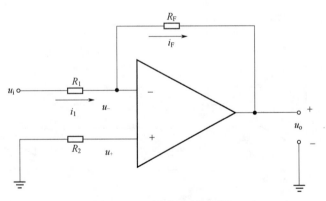

图 5.7.1　反相比例放大器

（2）反相加法电路

反相加法电路如图 5.7.2 所示。在理想条件下，$i_1 + i_2 = i_F$，即 $\frac{u_{i1}}{R_1} + \frac{u_{i2}}{R_2} = -\frac{u_o}{R_F}$，输出电压为

$$u_o = -\left(\frac{R_F}{R_1} u_{i1} + \frac{R_F}{R_2} u_{i2}\right)$$

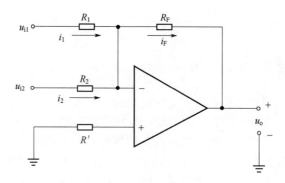

图 5.7.2　反相加法电路

（3）同相比例放大器和电压跟随器

同相比例放大器如图 5.7.3 所示。输入信号加至同相端，R_1 和 R_F 组成反馈网络。在理想条件下，$u_+ = u_- = u_i$，由图 5.7.3 可得 $u_- = \dfrac{R_1}{R_1 + R_F} u_o$，因此有

$$u_o = \left(1 + \frac{R_F}{R_1}\right) u_i$$

电路的闭环放大倍数为

$$A_{uf} = \frac{u_o}{u_i} = 1 + \frac{R_F}{R_1}$$

同相比例电路的输出电压 u_o 与输入电压 u_i 同相位。

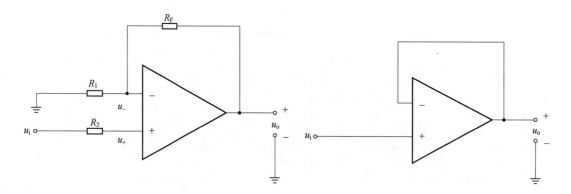

图 5.7.3　同相比例放大器　　　　　　　　图 5.7.4　电压跟随器

在同相比例运算电路中，若将输出电压全部反馈到输入端，就构成图 5.7.4 所示的电压跟随器，它们的输出电压与输入电压大小相等、相位相同。

（4）差分运算放大器

由集成运放构成的差分运算放大器如图 5.7.5 所示。

由于虚短，$i_+ = i_- = 0$，其反相输入端电压为 $u_- = \dfrac{R_F}{R_1 + R_F} u_{i1} + \dfrac{R_1}{R_1 + R_F} u_o$，同相输入端电压

为 $u_+ = \dfrac{R_F'}{R_2 + R_F'} u_{i2}$。因为虚短，$u_+ = u_-$，所以 $\dfrac{R_F}{R_1 + R_F} u_{i1} + \dfrac{R_1}{R_1 + R_F} u_o = \dfrac{R_F'}{R_2 + R_F'} u_{i2}$。当满足

$R_1 = R_2$，$R_F = R_F'$ 条件时，输出电压可表示为 $u_o = -\dfrac{R_F}{R_1}(u_{i1} - u_{i2})$。可见，差分放大器的输出电

压与两输入信号之差成比例，即实现了减法运算。

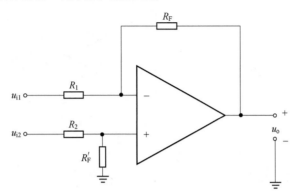

图 5.7.5　差分运算放大器

5.7.4　实验内容

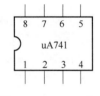

本实验采用 uA741 集成运放，其引脚图如图 5.7.6 所示。各引脚功能如下：引脚 7 为接 $+V_{CC}$ 引脚；引脚 4 为接 $-V_{EE}$ 引脚；引脚 1 和引脚 5 为调零端；引脚 2 为反相输入端；引脚 3 为同相输入端；引脚 6 为输出端。

图 5.7.6　uA741 集成
运放引脚图

（1）集成运放的相位补偿与调零

为了工作的稳定与性能指标的改善，在运放内部电路中引入了各种负反馈。多级放大器负反馈的引入，在高频段可能产生比较大的附加相移，当这种附加相移达到或超过 180° 时，会使负反馈转化为正反馈电路产生自励。在使用运放时，接通电源后首先应检查电路是否有自励，即在输入对地短路的情况下，用示波器观察输出端是否有自励波形。如果发生自励应设法进行相位补偿，即外接相位补偿元件以破坏自励条件。不同型号的运放，其相位补偿电路不一样，一般在器件手册上都有介绍。目前生产的集成运放多半不需要相位补偿。例如本实验中所使用的 uA741 型集成运放，其相位补偿元件已制作在芯片内部电路中，故不需要外接相位补偿网络。但有些功率集成电路和高频集成电路尚需外接相位补偿网络。必须指出，运放的相位补偿是一件难度非常大的工作，一定要耐心、仔细，并善于分析。

由于运放是直接耦合的多级放大器，为了平衡它的失调误差，使用时必须调零，即输入电压为零时，设法使输出电压也为零。图 5.7.7 所示的调零电路，uA741 的 1 脚和 5 脚为调零端，R_W 为外接调零电位器，其电阻值为 4.7kΩ 或 10kΩ。用万用表直流电压挡进行调零，不同型号的运放有各自的调零电路，可参考相应器件的数据手册。

集成运放实验采用的芯片 uA741，使用双电源供电。将双路稳压电源的输出电压调整为 ±12V，关闭稳压电源，分别将稳压电源的输出连接到 $+V_{CC}$ 和 $-V_{EE}$ 电源端（见图 5.7.8）；开

启电源对电路调零之后进行试验。

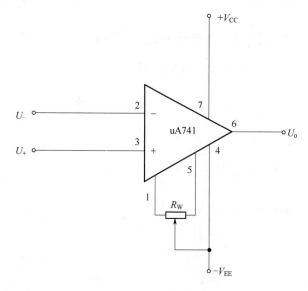

图 5.7.7　uA741 的调零电路

（2）反相比例放大器

按图 5.7.8 所示电路连接电路（取 $R_1 = 10\text{k}\Omega$，$R_2 = 9.1\text{k}\Omega$，$R_F = 100\text{k}\Omega$），输入信号 u_i 为频率 1kHz 的、幅度参照表 5.7.1 的正弦电压，用示波器观察输出波形，在输出波形不失真的情况下，用交流毫伏表测出对应的 u_i、u_o 值填入表格中，并与理论值相比较。

表 5.7.1　反相比例放大器测试数据

实测电阻		u_i /V		0.100	0.200	0.300
R_1 /kΩ		u_o /V				
R_F /kΩ		A_{uF}	实测值			
			理论值			

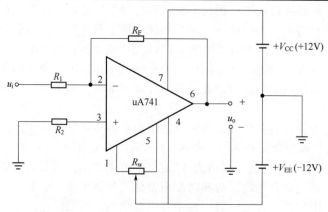

图 5.7.8　反相比例放大器实验电路

（3）反相加法运算

按图 5.7.9 所示电路连接电路（$R_F = 100\text{k}\Omega$，$R_1 = R_2 = 10\text{k}\Omega$，$R' = 4.7\text{k}\Omega$），输入信号 u_i 为频率 1kHz 的、幅度参照表 5.7.2 的正弦电压，用示波器观察输出波形。在输出波形不失真的情况下，用交流毫伏表测出对应的 u_i、u_o 值填入表格中，并与理论值相比较。

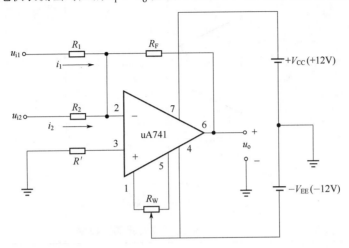

图 5.7.9　反相加法运算实验电路

信号源采用图 5.7.10 分压电路获得，u_s 为 1kHz 的正弦交流信号。

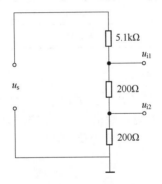

图 5.7.10　分压电路

表 5.7.2　反相加法运算测试数据表

实测电阻		u_{i1}/V	u_{i2}/V	u_o/V	
				测量值	理论值
$R_1 /\text{k}\Omega$					
$R_2 /\text{k}\Omega$		0.200			
$R_F /\text{k}\Omega$		0.400			

（4）同相比例放大器

按图 5.7.11 所示电路连接电路（取 $R_1 = 10\text{k}\Omega$，$R_2 = 9.1\text{k}\Omega$，$R_F = 91\text{k}\Omega$），输入信号 u_i 为频率 1kHz 的、幅度参照表 5.7.3 的正弦电压，用示波器观察输出波形，在输出波形不失真的

情况下，用交流毫伏表测出对应的 u_i、u_o 值填入表格中，并与理论值相比较。

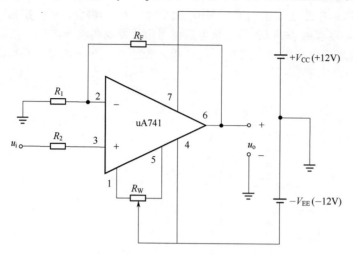

图 5.7.11　同相比例放大电路

表 5.7.3　同相比例放大器测试数据

实测电阻		u_i /V		0.100	0.200	0.300
R_1 /kΩ		u_o /V				
R_F /kΩ		A_{uF}	实测值			
			理论值			

（5）电压跟随器

按图 5.7.12 所示电路连接电路（$R_2 = R_F = 10\text{k}\Omega$）。输入信号 u_i 为频率 1kHz 的、幅度参照表 5.7.4 的正弦电压，用示波器观察输出波形，在输出波形不失真情况下，用交流毫伏表测出对应的 u_i、u_o 值填入表格中，并与理论值相比较。

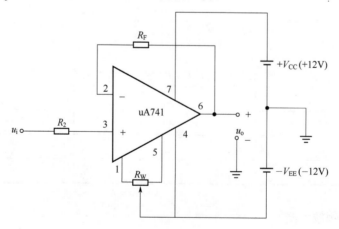

图 5.7.12　电压跟随器电路

表 5.7.4　电压跟随器测试数据

u_i/V	u_o/V	
	测量值	理论值
1.00		
2.00		
3.00		

（6）差分运算放大器

按图 5.7.13 所示电路连接电路（取 $R_1 = R_2 = 10\text{k}\Omega$，$R_F' = R_F = 100\text{k}\Omega$）。将放大器两输入端对地短接，接通电源，用数字万用表直流电压挡测输出端对地电压，并调节 R_W 使输出为零。

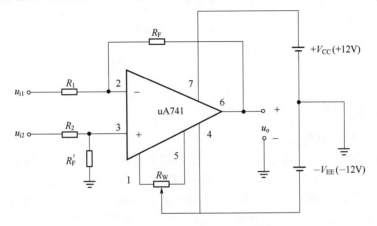

图 5.7.13　差分运算放大器电路

信号源采用图 5.7.10 分压电路获得，u_s 为 1kHz 的正弦交流信号。

① 差模增益测量　将差放两输入端分别接于图 5.7.10 的 u_{i1} 和 u_{i2} 两分压点上，调节函数发生器输出，使 u_{i1} 为 0.4V，用交流毫伏表测出 u_{i2} 和 u_o，计算差模增益 A_{ud} 值，将数据记入表 5.7.5 中。

② 共模增益测量　将差放两输入端一起接于图 5.7.10 的 u_{i1} 分压点上（即 $u_{ic} = u_{i1}$），调节函数发生器输出，使 $u_{ic} = u_{i1} = 0.4$V，用交流毫伏表测出此时的输出电压 u_o，计算共模增益 A_{uc} 值和 $K_{CMR} = A_{ud} / A_{uc}$ 之值。将数据记入表 5.7.5 中。

表 5.7.5　差分运算放大器实验数据

u_{i1}/V	u_{i2}/V	u_o/V	A_{ud}	u_{ic}/V	u_{oc}/V	A_{uc}	K_{CMR}
0.400				0.400			

5.7.5　思考题

① 集成运算放大器和阻容耦合放大器的频率特性有何不同？

② 画出实验电路图，整理和分析实验数据，并与理论值相比较，分析产生误差的原因。

5.8 OTL 功率放大电路

5.8.1 实验目的

① 进一步理解 OTL 功率放大器的工作原理和使用特点。
② 学习 OTL 功率放大器的调试及主要性能指标的测量方法。

5.8.2 实验设备

① 直流稳压电源 1 台。
② 函数信号发生器 1 台。
③ 数字示波器 1 台。
④ 交流毫伏表 1 台。
⑤ 数字万用表 1 台。

5.8.3 实验原理

（1）功率放大电路简介

因信号的幅度放大在前置电路中已经完成，放大电路的输出级通常要求能够输出一定的功率驱动负载。能够向负载提供足够信号功率的放大电路称为功率放大电路，简称功效。功率放大电路既不单纯追求输出高电压，也不单纯追求输出大电流，而是追求在电源电压确定的情况下，输出尽可能大的功率。功率放大电路的主要技术指标为最大输出功率和转换效率。

由于共射极放大电路作为输出级时输出功率小、效率低，低频功率放大器的输出级通常采用性质互补的两只晶体管构成推挽式发射极输出形式，以提高带负载能力。目前使用最广泛的功率放大电路是无输出变压器的功率放大电路（OTL 电路）和无输出电容的功率放大电路（OCL 电路）。

（2）实验电路

如图 5.8.1 所示为低频 OTL 功率放大器实验电路。晶体管 VT_1 组成前置放大级，VT_2、VT_3 是一对参数对称的 NPN 型和 PNP 型晶体管，它们组成互补推挽 OTL 功率放大器。在两管的发射极与负载之间接入耦合电容 C_o，将交流信号输出给负载。该电容一方面传递信号，另一方面起到了在信号负半周向负载供电的作用。

VT_1 管是共发射极形式，集电极电流 I_{C1} 可通过电位器 R_{W2} 进行调节。I_{C1} 流经电位器 R_{W2} 和二极管 VD1，为 VT_2、VT_3 提供偏压。调节 R_{W2} 可以使 VT_2、VT_3 在静态时同时处于微导通的状态，以克服交越失真。因输出电压在 $0 \sim V_{CC}$ 之间波动，所以要求静态时功率放大器输出端中点 A 的电压 $U_A = \frac{1}{2} V_{CC}$。将功率放大器输出端中点 A 连在 R_{W1} 前端，可以通过调节 R_{W1} 来实现 $U_A = \frac{1}{2} V_{CC}$。同时，该连接还形成交、直流电压并联负反馈，有助于稳定放大器静态工作点，改善非线性失真。

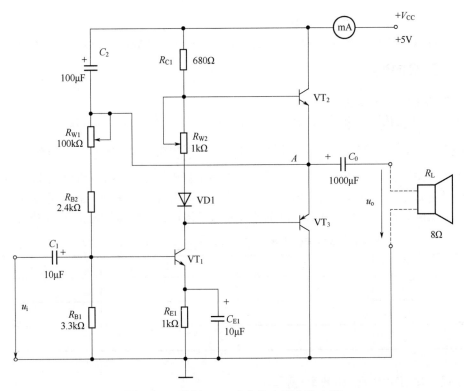

图 5.8.1　低频 OTL 功率放大器实验电路

当输入端输入信号 u_i 时，经 VT_1 管放大并反相后作用于 VT_2、VT_3 的基级。当输入信号 u_i 为负半周信号时，VT_1 集电极输出正半周信号作用于 VT_2、VT_3 的基级。此时 VT_2 管导通、VT_3 管截止，电流由电源经 VT_2 管的集电极、发射极通过电容流向负载 R_L，形成输出电压的正半周波形。当输入信号 u_i 为正半周信号时，VT_1 集电极输出负半周信号作用于 VT_2、VT_3 的基极。此时 VT_2 管截止、VT_3 管导通，耦合电容 C_o 起电源作用，通过 VT_3 管和负载 R_L 向外放电，形成输出电压的负半周波形。信号变化一周，则在负载 R_L 上就得到了完整的正弦波。

（3）OTL 电路的主要性能指标和测量

① 最大不失真输出功率 P_{om}　理想情况下的最大不失真输出功率为

$$P_{om} = \frac{V_{CC}^2}{8R_L}$$

实验可以通过测量负载 R_L 两端的电压有效值，然后利用下式求得实际最大不失真输出功率

$$P_{om} = \frac{U_o^2}{R_L}$$

② 效率

$$\eta = \frac{P_{om}}{P_E} \times 100\%$$

式中，P_E 为直流电源供给的平均功率。

实验中可以测量电源供给的平均电流 I_C，则 $P_E V_{CC} \times I_C$，负载的交流功率 P_{om} 就可以求出。

5.8.4 实验内容

（1）静态工作点的调试

按照图 5.8.1 连接实验电路，接通+5V 电源，首先调节电位器 R_{W1}，用数字万用表的直流电压挡测量 A 点的电位，使 $U_A = \frac{1}{2} V_{CC} = 2.5V$，然后调整输出级静态电流并测试各级静态工作点。

输出级静态工作点调试：先将电位器 R_{W2} 调整至低端，在电路信号输入端接入 $f=1\text{kHz}$ 的正弦信号 u_i，用示波器观察输出电压波形，输出波形出现交越失真，然后缓慢增大 R_{W2}，直至交越失真刚好消失。调整好后，测量各级静态工作点。将测试数据记入表 5.8.1 中。

表 5.8.1 静态工作点的测量($I_{C2}=I_{C3}=$_____mA，$U_A=2.5$V)

项目	VT$_1$	VT$_2$	VT$_3$
U_B /V			
U_C /V			
U_E /V			

（2）最大输出功率 P_{om} 和效率 η 测量

① 测量最大输出功率 负载电阻保持不变，在信号输入端接入 $f=1\text{kHz}$ 的正弦信号 u_i，用示波器观察输出电压的波形。逐渐增大输入信号的幅度，使输出电压达到不失真前提下的最大，用交流毫伏表测量负载电阻 R_L 上的电压有效值，计算最大输出功率。

② 测量效率 当输出电压为不失真前提下的最大电压时，用万用表电流测量挡在图 5.8.1 毫安表位置测量电源输出电流值，此电流可以近似认为是直流电源输出的平均电流 I_C，可近似求出 $P_E = V_{cc} I_C$，再根据上述计算的最大输出功率，计算电路效率。

（3）频率响应

保持信号发生器输入信号幅度不变，调节信号频率，用示波器观察，保证每次改变频率之后，在输出信号不失真的情况下，测量输出电压填入表 5.8.2 中。

表 5.8.2 频率响应测试

f/Hz	U_i /V	U_o /V	A_u

为保证电路安全，测试应在较低电压下进行，通常取输入信号为最大不失真时的一半。

5.8.5　思考题

① 整理实验数据，计算最大不失真输出功率 P_{om} 和效率 η，并与理论值进行比较。画频率响应曲线。

② 交越失真产生的原因是什么？怎样克服交越失真？

5.9　集成功率放大器

5.9.1　实验目的

① 进一步熟悉功率放大器的特点。

② 学会集成功率放大器 LM386 的使用方法。

③ 掌握集成功率放大器的主要技术指标及测试方法。

5.9.2　实验设备

① 直流稳压电源 1 台。

② 函数信号发生器 1 台。

③ 双踪示波器 1 台。

④ 交流毫伏表 1 台。

⑤ 数字万用表 1 台。

5.9.3　实验原理

从能量控制和转换的角度来看，功率放大电路与其他放大电路在本质上没有根本的区别，只是功放追求的是在电源电压确定的情况下，输出尽可能大的功率。因此，从功放电路的组成和分析方法，到其元器件的选择，都与小信号放大电路有着明显的区别。

目前，OTL、OCL 和 BTL 电路均有各种不同输出功率和不同电压增益的多种型号的集成电路。应当注意的是，在使用 OTL 电路时，需外接输出耦合电容。为了改善频率特性，减小非线性失真，很多电路内部还引入深度负反馈。本实验以低频功放 LM386 为例，介绍集成功放的电路组成、工作原理、主要性能指标和典型应用。LM386 是一种音频集成功放，具有自身功耗低、电压增益可调整、电源电压范围大、外接元件少和总谐波失真小等优点，适合在收音机、磁带放音机、电视伴音系统中作音频功率放大器。

（1）集成功放 LM386 内部电路和引脚图

LM386 内部电路原理图如图 5.9.1 所示，与通用型集成运放相类似，它是一个三级放大电路，分为输入级、中间级和输出级。

输入级为差分放大电路，VT_1 和 VT_3、VT_2 和 VT_4 分别构成复合管，作为差分放大电路的放大管；VT_5 和 VT_6 组成镜像电流源作为 VT_1 和 VT_2 的有源负载；信号从 VT_3 和 VT_4 管的基极输入，从 VT_2 管的集电极输出，为双端输入单端输出差分电路，恒流源负载可使单端输出电路的增益近似等于双端输出电路的增益。

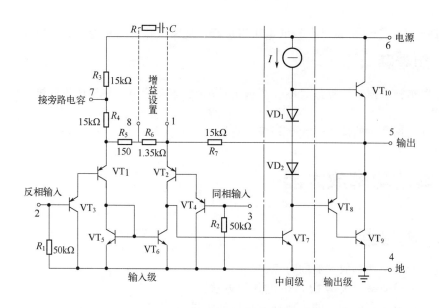

图 5.9.1　LM386 内部电路原理图

中间级为共射极放大电路，VT_7 为放大管，恒流源作有源负载，以增大放大倍数。

输出级中的 VT_8 和 VT_9 复合成 PNP 型管，与 NPN 型管 VT_{10} 构成准互补输出级。二极管 VD_1 和 VD_2 为输出级提供合适的偏置电压，可以消除交越失真。

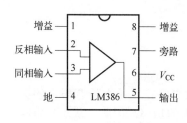

图 5.9.2　LM386 引脚图

利用瞬时极性法可以判断出，引脚 2 为反相输入端，引脚 3 为同相输入端。电路由单电源供电，故为 OTL 电路。输出端 (引脚 5)应外接输出电容后再接负载。

电阻 R_7 从输出端连接到 VT_2 的发射极，形成反馈通路，并与 R_5 和 R_6 构成反馈网络，从而引入深度电压串联负反馈，使整个电路具有稳定的电压增益。

LM386 的引脚排列如图 5.9.2 所示。引脚 5 为输出端；引脚 6 和 4 分别为电源端和接地端；引脚 1 和 8 为电压增益设定端；使用时在引脚 7 和地之间接旁路电容，电容器取值通常为 $10\mu F$。

（2）LM386 的应用

图 5.9.3 所示为 LM386 的一种基本用法，也是外接元件最少的一种用法，C_1 为输出电容。由于引脚 1 和 8 开路，集成功放的电压增益为 26dB，即电压放大倍数为 20。利用 R_P 可调节扬声器的音量。R_2 和 C_2 串联构成校正网络用来进行相位补偿。

图 5.9.4 所示为 LM386 电压增益最大时的用法。C 使引脚 1 和 8 在交流通路中短路，使 $A_u \approx 200$；C_3 为旁路电容；C_4 为去耦电容，滤掉电源的高频交流成分。

当 LM386 引脚 1 和 8 之间接一个 R、C 串联电路，如 $C=10\mu F$，改变 R 的大小可使电压增益在 $20 \sim 200$ 之间变化。当 $R=1.2k\Omega$ 时，电压增益约为 50，如图 5.9.5 所示。

应当指出，在引脚 1 和 8 外接电阻时，应只改变交流通路，所以必须在外接电阻回路中串联一个大容量电容，如图 5.9.1 所示。

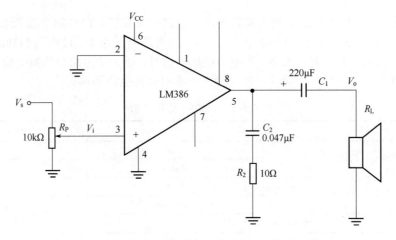

图 5.9.3　外接元件最少且增益约 20 倍的用法

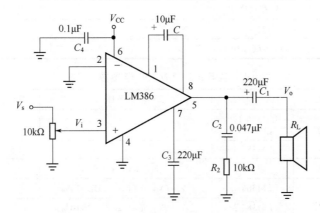

图 5.9.4　电压增益最大约 200 倍的用法

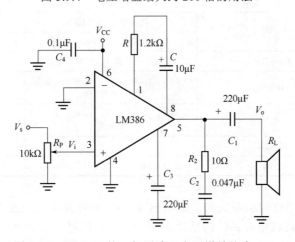

图 5.9.5　LM386 的一般用法（电压增益约为 50）

（3）集成功率放大电路的主要性能指标

集成功率放大电路的主要性能指标除最大输出功率外，还有电源电压、电源静态电流、电压增益、通频带、输入阻抗、输入偏置电流、总谐波失真等。LM386 的极限参数、电参数分别见表 5.9.1 和表 5.9.2。LM386-1 和 LM386-3 的电源电压为 4～12V，LM386-4 的电源电压为 5～18V。因此，对于同一负载，当电源电压不同时，最大输出功率的数值将不同；当然，对于同一电源电压，当负载不同时，最大输出功率的数值也将不同。

表 5.9.1　LM386 极限参数

参数		额定值
电源电压 V_{CC}/V	LM386	15
	LM386-4	22
功耗 P_d/W	LM386	0.66
	LM386-4	1.25
输入电压 V_i/V		±0.4
工作温度 T_{opr}/℃		0～70
储存温度 T_{stg}/℃		−65～150
结温 T_j/℃		150
焊接温度（10 秒）/℃		300

表 5.9.2　LM386 电参数

参数			测试条件	最小值	典型值	最大值
电源电压	V_{CC}/V	LM386-1、LM386-3		4		12
		LM386-4		5		18
电源静态电流	I_p/mA		V_{CC}=6V，V_{in}=0		4	8
输出功率	p_o/mW	LM386-1	V_{CC}=6V，R_1=8Ω，THD=10%			
		LM386-3	V_{CC}=9V，R_1=8Ω，THD=10%			
		LM386-4	V_{CC}=16V，R_1=32Ω，THD=10%			
电压增益	G_v/dB		V_{CC}=6V，f=1kHz		26	
			1 脚和 8 脚间接 10μF 电容		46	
通频带	f_{BW}/kHz		V_{CC}=6V，第 1、8 脚开路		300	
总谐波失真	THD/%		V_{CC}=6V，R_1=8Ω，P_o=125mW，f=1kHz，第 1、8 脚开路		0.2	
纹波抑制比	R.R/dB		V_{CC}=6V，f=1kHz，C_o=10μF，第 1、8 脚开路		50	
输入阻抗	R_{in}/kΩ				50	
输入偏置电流	I_o/nA		V_{CC}=6V，第 2、3 脚开路		250	

　　在实际测量时，通过测出最大失真的输出电压 U_o 和电源供给电流 I_{Co}，即可求出最大失真时的输出功率 P_o、直流电源供给的功率 P_E 和效率 η。计算公式如下：

$$P_o = \frac{U_o^2}{R_L}$$

$$P_E = V_{CC}I_{Co}$$

$$\eta = \frac{P_\text{o}}{P_\text{E}} \times 100\%$$

5.9.4　实验内容

（1）测试静态工作电压

按图 5.9.6 连接电路，1 脚、8 脚间不接 R、C 元件。调整电源电压 $V_\text{CC} = 9\text{V}$，接入实验电路中。将电位器 R_P 调到输入端对地短路位置，把示波器接在输出端，观察输出端有无自励现象。若有，则可改变 C_2 或 R_2 的数值以消除自励。用数字万用表（直流电压挡）测试集成功率放大器 LM386 各引脚对地的静态直流电压值和电源供电电流 I_CCQ 值。计算 LM386 的静态功耗 $P_\text{EQ} = I_\text{CCQ} V_\text{CC}$。将数据记入表 5.9.3 中。

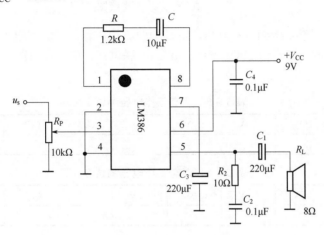

图 5.9.6　实验电路

表 5.9.3　静态工作电压测试 1

U_1/V	U_2/V	U_3/V	U_4/V	U_5/V	U_6/V	U_7/V	U_8/V	I_CCQ/mA	P_EQ/mW

（2）测量输出功率、效率和功率增益

实验电路如图 5.9.6 所示，测试仪器仪表的连接方法如图 5.9.7 所示。

① 断开 1 脚、8 脚连接元件，把电流表串入供电电路中，在输入端加入电压为 u_i、频率为 1kHz 的正弦信号，输出端接上毫伏表和示波器，调节 u_i 幅度大小，当使用示波器观察到的输出波形最大而不失真时，测出此时的输入信号电压 U_i、输出电压 U_o 和电源供给的电流 I_CO，将测量结果填入表 5.9.4 中。

表 5.9.4　最大不失真功率和效率

测试条件：$U_\text{i}=$_____mV，f=1kHz，R_L=8Ω				
输出电压 U_o/V	电流 I_CO/mA	输出功率 P_o/W	电源供给功率 $P_\text{E} = I_\text{CO} V_\text{CC}$ /W	效率 $\eta = \dfrac{P_\text{o}}{P_\text{E}} \times 100\%$

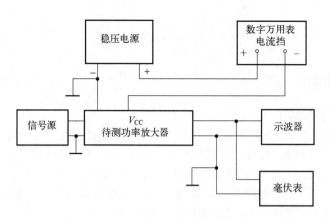

图 5.9.7　实验系统连接图

② 1 脚、8 脚间接入 $C=10\mu F$ 电容，重复①的测试内容。将数据记入表 5.9.5 中。

③ 1 脚、8 脚间接入 $R=1.2k\Omega$、$C=10\mu F$ 的串联电路，重复①的测试内容。将数据记入表 5.9.6 中。

表 5.9.5　静态工作电压测试 2

U_1/V	U_2/V	U_3/V	U_4/V	U_5/V	U_6/V	U_7/V	U_8/V	I_{CCQ}/mA	P_{EQ}/mW

表 5.9.6　静态工作电压测试 3

U_1/V	U_2/V	U_3/V	U_4/V	U_5/V	U_6/V	U_7/V	U_8/V	I_{CCQ}/mA	P_{EQ}/mW

④ 实验电路与③同，1 脚、8 脚间仍接 $R_1=1.2k\Omega$、$C_1=10\mu f$，在 LM386 第 3 脚串入一个 $R'=47k\Omega$ 的电阻。调节函数发生器的输出，使输出电压波形刚刚不产生削波失真，这时分别测出 R' 两端的电压 U_i'、U_i 和 U_o，计算输入功率 $P_i=I_iU_i=\dfrac{U_i'-U_i}{R'}U_i$，输出功率 $P_o=\dfrac{U_o^2}{R_L}$，再计算功率增益 $A_p(\mathrm{dB})=10\lg\dfrac{P_o}{P_i}$。将数据记入表 5.9.7 中。

表 5.9.7　功率增益测试数据

P_i 测试数据				P_o 测试数据			A_p/dB
R'/kΩ	U_i'/V	U_i/V	P_i/W	U_o/V	R_L/Ω	P_o/W	

（3）通频带的测量

按照图 5.9.6 电路，调节信号频率 $f=1kHz$，适当调整输入信号电压 u_i，使输出信号电压 u_o 波形最大而不失真，测出此时的 u_o 值，并算出此时的电压放大倍数 A_{uM}。保持 U_i 不变，改变信号源频率，测量出 $0.707 A_{uM}$ 时对应的上限频率 f_H 和下限频率 f_L，计算 $f_{BW}=f_H-f_L$，将数据记入表 5.9.8 中。

表 5.9.8　通频带测量数据

U_i/mV	U_o/V	A_{uM}	f_H/kHz	f_L/kHz	f_{BW}/kHz

5.9.5　思考题

① 功率放大器能放大功率吗？其本质是什么？它与电压放大器有何区别？

② 在 LM386 的应用电路中，其输入端都接有一个电位器 R_P，试说明此举有何优点和实用价值？

③ 画出实验电路，整理实验数据，将结果填入相应表格，对实验结果做必要的分析比较。

5.10　RC 正弦波振荡器

5.10.1　实验目的

① 理解 RC 正弦波振荡器的选频特性和传输特性。

② 学习 RC 正弦波振荡器的调试与测试技术。

5.10.2　实验设备

① 直流稳压电源 1 台。

② 函数信号发生器 1 台。

③ 双踪示波器 1 台。

④ 交流毫伏表 1 台。

⑤ 数字万用表 1 台。

⑥ 数字频率计 1 台。

5.10.3　实验原理

（1）正弦波振荡电路的构成

正弦波振荡电路是在没有外加输入信号的情况下，依靠电路自激振荡而产生正弦波输出电压的电路。正弦波振荡电路由以下四个部分组成。

① 放大电路：保证电路能够从起振到幅值增大至动态平衡的过程，使电路获得一定幅值的输出量，实现能量的控制。通常可采用三极管或集成运算放大器组成。

② 正反馈网络：引入正反馈给振荡电路提供足够的输出信号维持振荡幅度。

③ 选频网络：确定电路的振荡频率，保证电路产生单一频率的正弦波振荡。

④ 稳幅环节：也就是非线性环节，作用是使输出信号幅值稳定。

典型的 RC 正弦波振荡器构成电路如图 5.10.1 所示，由电阻、电容组成的 RC 串并联选频网络，又称为正反馈网络。RC 串并联选频网络是低频振荡器中最常见的一种电路，它使用的元件只需电阻、电容，且波形比较好，故得到广泛应用。

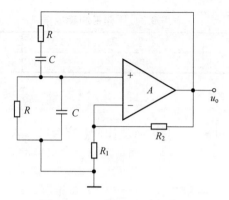

图 5.10.1　RC 正弦波振荡器

振荡器频率为

$$f_0 = \frac{1}{2\pi RC}$$

起振条件是 $|\dot{A}\dot{F}| > 1$，振荡器的振幅平衡条件为 $AF = 1$。

（2）实验电路

RC 正弦波振荡器实验电路如图 5.10.2 所示。在该电路中放大器选用分立元件构成的两级共发射极放大器，实现放大和稳幅；RC 串并联网络完成选频和正反馈。

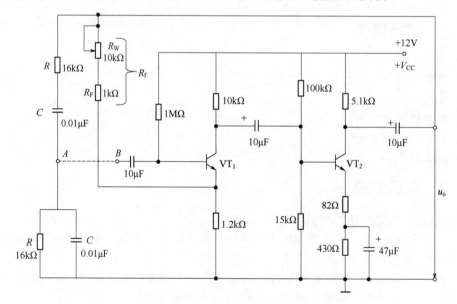

图 5.10.2　RC 正弦波振荡器实验电路

5.10.4　实验内容

（1）RC 串并联选频网络频率特性的测量

按图 5.10.3 连接电路，保持输入信号幅值为 3V 不变，改变信号源频率，用示波器监测输出波形，在保持输出波形不失真的条件下，测试数据并计入表 5.10.1 中。

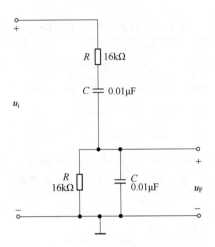

图 5.10.3　RC 串并联选频网络

表 5.10.1　测试频率响应特性

f/Hz	U_i/V	U_F/V	A_u

（2）RC 正弦波振荡器的动态测量

按图 5.10.2 连接实验电路，短路 A、B 两点将 RC 串并联网络接入电路，调节 R_W，使电路起振，用示波器监测输出端 u_o 信号的波形，直到获得满意的信号，记录波形及参数。用数字频率计测量电路振荡频率，记入表 5.10.2 中，并与计算值比较。

表 5.10.2　RC 串并联网络频率

项目	测量值	理论值
f/Hz		

断开 RC 串并联网络，测量放大器的静态工作点，将数据记入表 5.10.3 中。然后从电路 B 点加入与振荡频率相近频率的正弦交流信号，在输出端信号不失真的情况下，测量放大器的电压放大倍数，将数据记入表 5.10.4 中。

表 5.10.3　放大器静态工作点的测量

项目	测量值			计算值	
（Ⅰ）级	U_{B1} /V	U_{E1} /V	U_{C1} /V	U_{CE1} /V	I_{C1} /mA
（Ⅱ）级	U_{B2} /V	U_{E2} /V	U_{C2} /V	U_{CE2} /V	I_{C2} /mA

表 5.10.4　电压放大倍数的测量

U_i /mV	U_{o1} /mV	U_o /V	A_{u1}	A_{u2}	A_u

5.10.5　思考题

① 由给定电路参数计算振荡频率，与实测值比较，分析误差产生的原因。
② 总结 RC 正弦波振荡器的特点。

5.11　整流、滤波、稳压电路

5.11.1　实验目的

① 深入理解单相半波整流电路和桥式整流电路的工作原理、特性及测量方法。
② 深入理解电容滤波电路的原理、特性及测量方法。
③ 掌握集成稳压器的使用方法。

5.11.2　实验设备

① 可调工频电源 1 台。
② 双踪示波器 1 台。
③ 交流毫伏表 1 台。
④ 数字万用表 1 台。

5.11.3　实验原理

（1）直流稳压电源简介

直流稳压电源可以将电网供应的 50Hz、220V 正弦交流电转化为特定电压的直流电。其工作原理框图如图 5.11.1 所示。它由电源变压器、整流电路、滤波电路和稳压电路 4 部分组成。

① 电源变压器。将电网供应的 50Hz、220V 正弦交流电降压到电路需要的交流电压 u_2。
② 整流电路。将降压后的正弦交流电进行整流处理，整流的目的是将正负交变电压转

化为单方向脉动电压。整流电路主要有单相半波整流电路、单相全波整流电路和桥式整流电路。桥式整流电路电源变压器利用效率高，整体性能好，在实际中广泛应用。

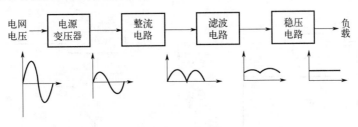

图 5.11.1　直流稳压电源工作原理框图

③ 滤波电路。将脉动的直流电进行平滑滤波，得到较为平稳的直流电。滤波电路有电容滤波、电感滤波以及组合滤波等。

④ 稳压电路。稳压电路的作用是使输出直流电压基本不受电网电压波动和负载变化的影响，从而获得足够高的稳定性。稳压电路有稳压二极管构成的稳压电路、串联型直流稳压电路、集成稳压电路等。集成稳压电路因体积小、使用方便、可靠性高等优点被广泛使用。集成稳压电路种类很多，三端稳压器应用最为广泛。

（2）三端集成稳压器

三端集成稳压器有固定输出电压和可调输出电压之分。

三端固定输出集成稳压器有三个引出端：输入端 IN、输出端 OUT、接地端 GND。根据其输出电压极性可分为固定正输出集成稳压器（W78 系列）和固定负输出集成稳压器（W79系列）。根据输出电流的大小，三端固定输出集成稳压器又可分为 W78XX 型（表示输出电流为 1.5A）、W78MXX 型（表示输出电流为 0.5A）和 W78LXX 型（表示输出电流为 0.1A）。后面两位数字 XX 表示输出电压的数值，一般有 05（5V）、06（6V）、09（9V）、12（12V）、15（15V）、18（18V）、24（24V）。负输出集成稳压器相应也有 W79XX、W79MXX 和 W79LXX型。利用固定输出集成稳压器可组成各种应用电路。W78XX 型集成稳压器的外形及接线如图 5.11.2 所示。

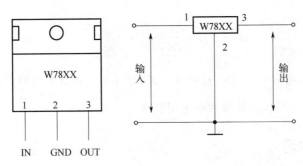

图 5.11.2　W78XX 型集成稳压器的外形及接线图

可调三端稳压器能够在一定范围内输出连续可调的直流电压，可通过外接元件对输出电压进行调整，以适应不同的需要。常用的产品有 W117、W217、W317 等。图 5.11.3 为可调输出正电压三端稳压器 W317 的引脚及典型连接图。其最大输入电压为 40V，输出电压范围为 1.2～37V。其输出电压的计算公式为

$$U_{\mathrm{o}} \approx 1.25\left(1+\frac{R_2}{R_1}\right)$$

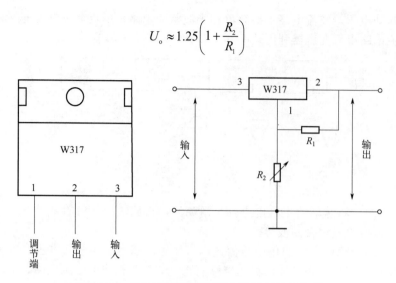

图 5.11.3　W317 型集成稳压器的外形及接线图

集成稳压电源的主要参数：

① 输出电压 U_{o} 及调节范围。

② 输出电阻 R_{o}。

输出电阻是指稳压器的输入电压 U_{i} 保持不变时，由负载变化引起的输出电压变化量与输出电流变化量之比。

$$R_{\mathrm{o}} = \left.\frac{\Delta U_{\mathrm{o}}}{\Delta I_{\mathrm{o}}}\right|_{U_{\mathrm{i}}=常数}$$

（3）稳压系数 S。

当负载保持不变时，输出电压的相对变化量与输入电压的相对变化量之比称为稳压系数。

$$S = \left.\frac{\Delta U_{\mathrm{o}} / U_{\mathrm{o}}}{\Delta U_{\mathrm{i}} / U_{\mathrm{i}}}\right|_{R_{\mathrm{L}}为常数}$$

由于工程上常把电网电压波动 ±10% 作为极限条件，因此也有将此时输出电压的相对变化率 $\Delta U_{\mathrm{o}} / U_{\mathrm{o}}$ 作为衡量指标，其称为电压调整率。

5.11.4　实验内容

（1）整流滤波电路测试

按图 5.11.4 所示实验电路连接电路。取可调工频电源电压为 14V，作为整流电路的输入电压 u_2。取 $R_{\mathrm{L}}=240\Omega$，先断开滤波电容，用数字万用表直流挡测量整流后负载两端直流电压 U_{L}，将示波器置于"AC"位耦合测量纹波电压 $\widetilde{U_{\mathrm{L}}}$ 的峰-峰值，并用示波器分别观察变压器输出电压 u_2 和负载两端电压 u_{L}。将实验数据记入表 5.11.1 中。

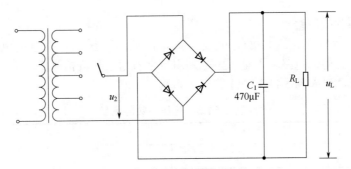

图 5.11.4　整流、滤波实验电路

表 5.11.1　整流滤波电路测试

电路形式		U_L / V	$\widetilde{U_L}$ /V	u_L 的波形
不加入滤波电容	$R_L = 240\Omega$			
加入滤波电容	$R_L = 240\Omega$ $C_1 = 470\mu F$			
	$R_L = 120\Omega$ $C_1 = 470\mu F$			

取 $R_L = 240\Omega$，滤波电容 $C_1 = 470\mu F$，用数字万用表直流挡测量整流后负载两端直流电压，并用示波器分别观察变压器输出电压 u_2 和负载两端电压 u_L。改变 $R_L = 120\Omega$，滤波电容 $C_1 = 470\mu F$，重复以上步骤，将实验数据记入表 5.11.1 中。

（2）负载特性的测量

按图 5.11.5 连接实验电路，不接负载，接工频 14V 电源，测量整流电路输入有效值 U_2；测量滤波电路输出电压 U_1、集成稳压器输出电压 U_o。

按表 5.11.2 中数值改变 R_L 进行负载特性测试，将测试数据记入表 5.11.2 中。

表 5.11.2　负载特性的测量

R_L /Ω	∞	2000	1000	240	120
U_o /V					
I_L /mA					

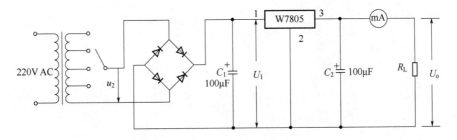

图 5.11.5　整流、滤波、稳压实验电路

（3）稳压系数的测量

输出端接负载电阻 $R_L = 120\Omega$，改变整流电路输入电压，模拟电网电压波动效果，按表 5.11.3 所示调整整流电路输入电压，分别用数字万用表直流挡测出相应的稳压器输入电压及输出直流电压。记入表 5.11.3 并计算稳压系数。

表 5.11.3　稳压系数的测量

测试值/V			计算值
U_2	U_1	U_o	S
14			
16			
18			

（4）输出电阻的测量

用滑动变阻器作为负载 R_L，调节滑动变阻器，测量空载时、I_o 为 50mA、I_o 为 100mA 三种情况下 U_o 的值，记入表 5.11.4 中。

表 5.11.4　输出电阻的测量

测试值		计算值
I_o /mA	U_o / V	S
空载		$R_{o12} =$ 　　　 , $S=$
50		
100		$R_{o23} =$ 　　　 , $S=$

5.11.5　思考题

① 总结桥式整流电路、电容滤波电路的特点。

② 三端集成稳压器输入、输出端所接电容 C_1、C_2 的作用是什么？对于三端集成稳压器，一般要求输入、输出间的电压差至少为多少才能正常工作？

第 6 章

数字电子技术实验

6.1 基本逻辑门电路

6.1.1 实验目的

① 学习使用集成基本逻辑门电路。
② 初步掌握各种门电路之间的转换方法。
③ 学会测试逻辑门电路参数的方法。

6.1.2 实验设备与元器件

① 直流稳压电源 1 台。
② 数字万用表 1 台。
③ 双踪示波器 1 台。
④ 集成电路 74LS00、74LS04 各 1 片，二极管、电阻若干。

6.1.3 实验原理

最基本的逻辑门电路有三种：与门、或门和非门（反相器）。它们的逻辑符号如图 6.1.1 所示。

图 6.1.1 中 A、B 为输入端，Q 为输出端。门电路可能还有更多的输入端，但其输出与输入之间的逻辑关系是确定的。三种基本门电路构成的与非门、或非门和异或门等，也是基本门电路，如图 6.1.2 所示，在许多逻辑系统中都要用到。可以用逻辑代数知识把基本门电路组合成其他电路，如用与非门构成或非门和异或门等。

逻辑电路的表示方法有逻辑代数法、真值表法和卡诺图法等三种。在数字电路实验中最常用的方法是真值表方法，逻辑代数法和卡诺图法是辅助的分析手段。对于某一集成门电路，实验中可以用 0、1 开关满足它的输入逻辑电平要求，用 0、1 显示可以检查其输出状态的逻辑电平。实验箱内的发光二极管（LED）亮表示高电平（逻辑状态 1），不亮（暗）表示低电平（逻辑状态 0）。

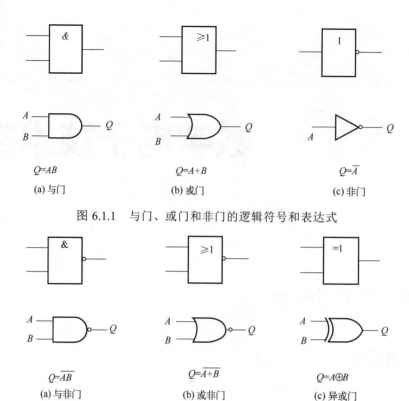

$Q=AB$

(a) 与门

$Q=A+B$

(b) 或门

$Q=\overline{A}$

(c) 非门

图 6.1.1　与门、或门和非门的逻辑符号和表达式

$Q=\overline{AB}$

(a) 与非门

$Q=\overline{A+B}$

(b) 或非门

$Q=A\oplus B$

(c) 异或门

图 6.1.2　与非门、或非门和异或门的逻辑符号和表达式

TTL 电路中最基本也是最常用的与非门电路为 **74LS00**，它含有四个彼此独立的二输入端与非门，这里所谓的"彼此独立"是指每个门的逻辑功能彼此独立，但供电电源连接在一起。其外封装是塑封双列直插式，引脚排列如图 6.1.3 所示。A、B 为输入端，Q 为输出端，输入与输出的逻辑关系是与非关系。

$$Q = \overline{AB}$$

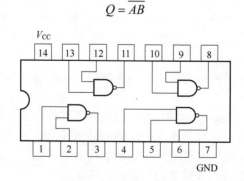

图 6.1.3　74LS00 引脚图

使用时许多逻辑门电路的输入端不止两个，可以有四个、八个或更多，如果实际上不需要那么多输入端，对多余输入端的处理方式有以下几种：

① 与其他输入端合并；

② 悬空；

③ 接+5V 电源；

④ 接地（相当于输入低电平）；

⑤ 通过一定电阻接地。

具体采取哪种方式，首先要考虑电路的种类，即是 TTL 电路还是 CMOS 电路，其次要考虑电路的逻辑关系，是与非关系、或非关系、还是其他逻辑关系。对于 TTL 电路而言，输入电阻不是太高，输入端悬空是允许的，悬空即相当于输入为 1。对于 TTL 与非门，多余端悬空不影响其他输入端的作用。但对于或非门，多余端只有接地，才不影响其他输入端的作用。对于 CMOS 电路而言，多余输入端悬空是不允许的。CMOS 电路的输入电阻极高，容易受到外界干扰信号感应，也容易将输入端击穿，损坏集成块。所以对于 CMOS 电路而言，多余输入端最好与其他输入端合并，如果需要接高电平，可通过 100kΩ 电阻接电源，需要接低电平时可直接接地。通过电阻接地的情况，可依电阻阻值不同而不同，有可能输入为“1”状态的，也有可能输入为“0”状态的，要根据具体情况而定，使用时须留心。

对于使用者来说，推动一个门电路需要多高的电压才算高电平，多低的电压才算低电平？门的延迟时间是多少？这些问题可以通过对与非门参数的测试而获得答案。对于 TTL 电路，如果与非门输入电压由 0～5V 变化，与非的输出电压一定会经历由截止到线性放大。再到绝对饱和导通的过程。把输入电压和输出电压的变化用示波器 X-Y 状态来描述，就会获得与非门电路的传输特性曲线。与非门传输特性测试电路如图 6.1.4 所示。

将与非门的输入端接在电位器的活动端，电位器的两固定端分别接电源 V_{CC} 和地，调整活动端时，与非门的输入电压在 0 到 5V 之间变化。把示波器调整在合适状态并校正原点的值，调整输入电压，在示波器上看到一个亮点在移动，将亮点轨迹描在坐标纸上得到与非门的电压传输特性曲线，如图 6.1.5 所示。

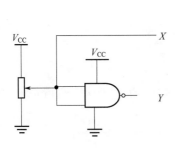

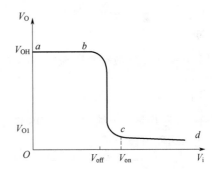

图 6.1.4　与非门传输特性测试电路　　　　图 6.1.5　与非门的电压传输特性曲线

当输入电压较低时，与非门电路的输出端为高电平，即曲线的 ab 段；当输入电压大约为 1.4V 时，输出电压由高电平转为低电平，即曲线上的 bc 段；输入电压继续升高，输出电压维持在低电平，即曲线的 cd 段。从这条曲线上可获得如下参数：

① 输出高电平 V_{OH}：曲线 ab 段的高度。指输入为低电平时，输出端不接负载的输出电平。

② 输出低电平 V_{OL}：曲线 cd 段的高度。指输入端电平超过额定开门电平（1.8V）时输出端不接负载的输出电压。

③ 开门电平 V_{on}：保证输出电平为标准低电平的最小输入电压，它表示与非门开通的最

小输入电平。

④ 关门电平 V_{off}：指输出电平上升到标准高电平的输入电平，它表示将与非门关断所需的最大输入电平。

开门电平和关门电平是 TTL 与非门的两个重要参数，两者的数值越接近，与非门的传输曲线越理想。这两个参数还能反映出门电路的抗干扰能力，即噪声容限 V_{NIL} 和 V_{NIH}。

通过对 TTL 电路与非门和 CMOS 电路与非门分别作电压传输特性曲线测量，可以看到两者之间存在较大差异。TTL 与非门电路的工作电源 V_{CC}=5V，其 V_{OH} 大约为 2.4～3.6V，V_{OL} 约为 0.4V，V_{on} 和 V_{off} 相差较明显，曲线 bc 段有一定的斜度。CMOS 电路的工作电压范围较宽（3～18V），在不同工作电压下测试的电压传输特性曲线不同。在 5V 工作电源电压下测出的 V_{OH} 一般高于 TTL 电路的，而 V_{OL} 比 TTL 的更低，并且 V_{on} 和 V_{off} 难于辨别，曲线 bc 段垂直降落，这时的输入电压称开启电压，或叫阈值电压，记为 V_T。阈值 V_T 约为电源电压的一半。

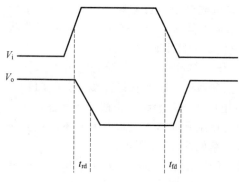

由于晶体管有限的开关速度和电路内电容的充放电过程，逻辑门电路不能立即响应输入信号的突变。图 6.1.6 表示输入信号和输出信号之间的关系。输入信号的上升沿中点与输出信号下降沿中点之间的时间差，称作导通延迟时间，记为 t_{rd}；输入波形的下降沿中点与输出波形上升沿中点之间的时间差，称作截止延迟时间，记为 t_{fd}；平均延迟时间记为 t_{pd}，是二者的平均值。

图 6.1.6　与非门输入输出波形

为了测量与非门的平均延迟时间，可用奇数个与非门接成一个环形振荡器，如图 6.1.7 所示，一般用三个与非门构成。如果三个门的平均延迟时间相等，那么振荡周期 T 为三个门平均延迟时间之和的两倍，即

$$T = 6t_{pd}$$

用示波器测出振荡器的振荡周期，就可获得 t_{pd} 的值，即

$$t_{pd} = \frac{T}{6}$$

一般 t_{pd} 为几到几十纳秒，CMOS 电路的 t_{pd} 比 TTL 电路的 t_{pd} 要大，也就是说 CMOS 电路工作起来速度要慢一些。

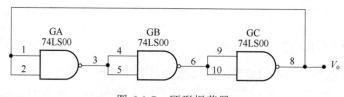

图 6.1.7　环形振荡器

6.1.4　实验内容

① 用实验台检测 74LS00 电路的逻辑功能。输入接 0/1 开关，输出接 LED 指示灯。用表 6.1.1 记录测量结果。

表 6.1.1 74LS00 电路逻辑功能测量结果

A B	V_A/V	V_B/V	预期结果	V_Q/V	实验结果 LED 显示
0 0					
0 1					
1 0					
1 1					

② 用实验台检测 74LS04 中 6 个非门的逻辑功能。74LS04 的引脚如图 6.1.8 所示。自拟表格记录测量结果。

③ 画出用 74LS00 构成或非门和异或门的逻辑电路图，写出相应的逻辑表达式，并用实验台检验逻辑功能（方法同实验内容①），结果填入真值表。以下给出异或门的逻辑电路图（图 6.1.9）和逻辑表达式供参考。

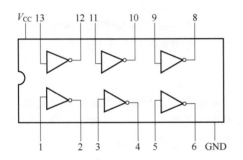

图 6.1.8 74LS04 的引脚

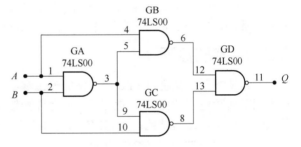

图 6.1.9 异或门逻辑电路图

$$Q = A \oplus B = \overline{\overline{A\overline{B}} + \overline{\overline{A}B}} = \overline{\overline{A\overline{B}} \cdot \overline{\overline{A}B}} = \overline{\overline{AAB} \cdot \overline{B\overline{AB}}}$$

④ 用环形振荡器测 74LS00 的平均延迟时间 t_{pd}。实验电路如图 6.1.7 所示。用示波器观察振荡波形，测出振荡周期，并计算出平均延迟时间 t_{pd}。注意示波器的频宽为 20MHz，测量振荡周期时已接近极限状态，将示波器的扫描时间置于扫速最快一挡 0.2μs，并使用水平位扫描扩展功能。

⑤ 测试 74LS00 电路（TTL 电路）的电压传输特性。实验电路如图 6.1.4 所示，示波器设置为 X-Y 工作模式，并置 DC 输入方式；光点随调节电阻而不断移动，扫出一条轨迹。粗略绘出电压传输特性曲线，并标出开门电平、关门电平、输出高电平和输出低电平的估计值。

6.1.5 思考题

① 如何用二极管、三极管和电阻构成或非门，设计出电路图。

② 如果输入端有三个，只使用两个输入端，另一个输入端如何处理？或非门和与非门多余输入端的处理有何不同？

6.2 集电极开路门和三态门的应用

6.2.1 实验目的

① 掌握集电极开路门（OC 门）的逻辑功能及应用。

② 掌握三态门（TS 门）的逻辑功能及应用。

③ 了解集电极负载电阻对集电极开路门的影响。

6.2.2 实验设备与元器件

① 直流稳压电源 1 台。

② 数字万用表 1 台。

③ 双踪示波器 1 台。

④ 集成电路 74LS00 四二输入与非门、74LS03 四二输入与非门 OC 门（open collector output gate）、74LS126 四三态缓冲器 TS 门（three state output gate）各 1 片，电阻若干。

6.2.3 实验原理

通常情况下，普通的 TTL 门电路的输出端不允许并联在一起使用。集电极开路门和三态输出门是两种特殊的 TTL 门电路，它们允许把输出端直接并联在一起。集电极开路门输出端并联时可以实现线与功能；三态门输出端并联时数据可以在总线上传输。

（1）集电极开路门（OC 门）

集电极开路门内部电路如图 6.2.1（a）所示，可以看出 OC 门的输出级 T_3 的集电极是悬空的，如果不接外负载电阻 R，则输出级不工作。图 6.2.1（b）是 OC 门的表示符号和使用时外接负载的方法，通过 R 连接的电源 E_C 可以是 TTL 电路的电源 V_{CC}，也可以是比 V_{CC} 高的直流电源。

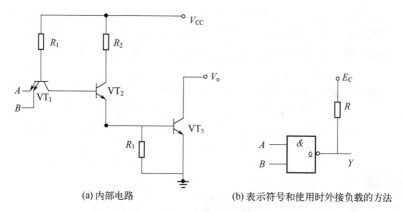

(a) 内部电路 (b) 表示符号和使用时外接负载的方法

图 6.2.1 集电极 OC 门

集电极开路门输出端并联实现线与功能。前面指出普通逻辑电路的输出端是不能并联的，但 OC 门电路的输出端是可以并联的。图 6.2.2 是两个 OC 门输出端并联的情况，二者通过同一个负载 R 连接在 E_c 上，输出端 Q 所表达的逻辑关系为

$$Q = \overline{AB}\,\overline{CD} = \overline{AB + CD}$$

实现线与的关键问题是负载电阻 R 的选择，其最大值应保证电路输出时后续电路需要的最小输入高电平；最小值应保证即使只有一个输出端灌入全部电流，也不会使输出电压升高到后继电路需要的最大输入低电平的限度以上。当 N 个 OC 门线与驱动 M 个 TTL 与非门的 K 个输入端时，根据电路输出的高低电平要求和带负载的能力，R 应取值为

$$R_{\max} = \frac{E_c - V_{OH\min}}{NI_{OH} + KI_{iH}}$$

$$R_{\min} = \frac{E_c - V_{OL\max}}{I_{OL} - MI_{iL}}$$

集电极开路门实现逻辑电平的转换，以驱动 MOS 电路、类继电器、荧光数码管和指示灯泡等，例如图 6.2.3 所示的 TTL 驱动 CMOS 电路。

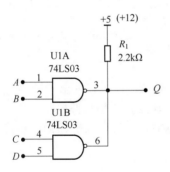

图 6.2.2　OC 门实现线与

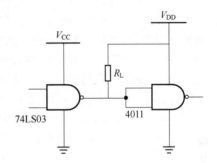

图 6.2.3　TTL 电路驱动 CMOS 电路

用 TTL 电路来驱动 CMOS 电路，当 $V_{CC}=V_{DD}$ 时，TTL 与非门的输出高电平可以使 CMOS 电路的逻辑门打开（TTL 的 $V_{OH}=2.4V$，一般输出 $V_{on}=3.0\sim3.4V$，CMOS 电路的开门电平约为电源电压的一半）。当 $V_{DD}>V_{CC}$ 时，TTL 电路就很难驱 CMOS 电路，这时把普通与非门换成 OC 门，负载电阻 R_L 的上拉电压取 V_{DD}，能提高输出电平，就可驱动 CMOS 电路了。这就是常用的电平转换电路。在实际应用中，即使 $V_{DD}=V_{CC}$，TTL 电路也是采用 OC 门来与 CMOS 电路连接。R_L 的选择方法与前述相同。

（2）三态门（TS 门）

三态门是指输出端可以有三种状态的门电路。这三种状态即高电平（1）、低电平（0）和高阻状态。处于高阻状态时，电路与负载之间相当于开路。三态门的符号表示如图 6.2.4 所示。其中，A、B 为输入端，Y 为输出端，EN 为控制端也称使能端。在使能端标一小圆圈的，表示低电平使能，无小圆圈的则表示高电平使能。使能端使电路处于工作状态时，输出状态 Y 由输入端决定，即有高电平（1）、低电平（0）。使能端使电路处于禁止状态时，无论 A、B 如何变化，输出为高阻态。三态输出门还有单输入单输出型，并且输入和输出有同

相和反相两种类型。图 6.2.5 是反相单输入型三态门的符号。

图 6.2.4　三态门符号　　　　　　图 6.2.5　反相单输入型三态门的符号

三态门在计算机系统中用来表示控制总线的信息传输。如图 6.2.6 所示，控制端 EN1 和 EN2 可以分别传送 M1 门和 M2 门的信息。当 EN1 使 M1 工作时，EN2 使 M2 关闭，总线中传送的是 M1 的信息；反之 M1 被关闭，M2 处于工作状态时，总线中传送 M2 的信息。这样在同一总线中不同时间传送不同信息，使计算机提高运行速度。三态门的优点是抗干扰能力强、开关速度快，是计算机总线控制中不可缺少的电路。

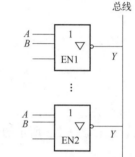

图 6.2.6　三态门的总线结构连接

6.2.4　实验内容

① 用 OC 门实现线与。74LS03 是四个二输入与非门 OC 门电路，芯片引脚如图 6.2.7 所示，写出逻辑式、真值表，并用实验检验其逻辑功能。可参考图 6.2.2 连接电路，R 取 2.2kΩ。输入接 0/1 开关，输出接 LED 指示灯。

② 由三态门模拟总线缓冲器电路见图 6.2.8。当 $G_1=0$，$G_2=1$ 时，画出 Q 端的输出波形；当 $G_1=1$，$G_2=0$ 时，画出 Q 端的输出波形（2 脚 0/1 开关分别接高电平和低电平一次）。图 6.2.9 是 4 三态缓冲器 74LS126A 的引脚图。信号输入提示：5 脚输入 TTL 电平、2kHz 的方波信号；G_1、G_2 接 0/1 开关，但不能同时为 1。

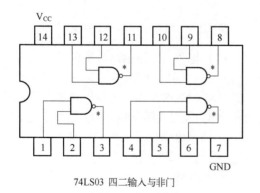

图 6.2.7　74LS03 引脚图

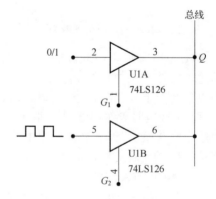

图 6.2.8　三态门模拟总线缓冲器

③ 用三态门电路模拟数字信号通道，如图 6.2.10 所示。把开关 K 打在"1"位，A、B 分别给 0、1 电平，低频脉冲端送入连续低频方波，用示波器观察输出 Q_1、Q_2。然后把 K 置"2"位置，重复上述过程。列表记录实验现象，并加以解释。

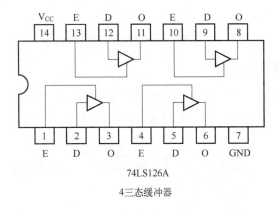

74LS126A

4三态缓冲器

图 6.2.9　74LS126A 引脚图

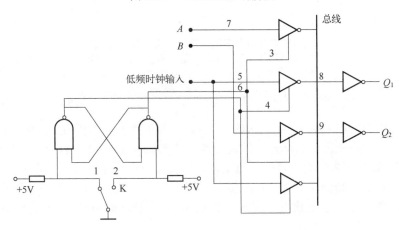

图 6.2.10　三态门模拟数字信号通道

6.2.5　思考题

① 集电极开路门（OC 门）与 CMOS 电路连接时，上拉电阻 R 的大小如何选择？

② 连接在总线上的三态门可否同时处于使能状态？

6.3　数据选择器及其应用

6.3.1　实验目的

① 掌握数据选择器的逻辑功能和使用方法。

② 学习用数据选择器设计组合逻辑电路的方法。

6.3.2　实验设备及元器件

① 直流稳压电源 1 台。

② 数字万用表 1 台。

③ 双踪示波器 1 台。

④ 集成电路 74LS00、74LS153 双四选一数据选择器各 1 片。

6.3.3 实验原理

数据选择器又称多路开关，其作用相当于一个单刀多掷开关，可以从多路输入数据中选择一路信号作为输出。常用的数据选择器有二选一、四选一、八选一和十六选一等。

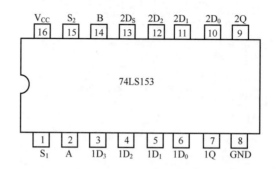

图 6.3.1　74LS153 双四选一数据选择器引脚图

本实验采用中规模集成器件 74LS153 双四选一数据选择器。图 6.3.1 为 74LS153 的引脚图，它包含两个完全相同的四选一数据选择器。其中 D_0、D_1、D_2、D_3 为数据输入端；Q 为输出端；S_1 和 S_2 分别为它们各自的选通端，可以使各自处于工作态或禁止态。A、B 为选择输入端，当 AB 置于 00、01、10、11 状态时，分别对应 D_0、D_1、D_2、D_3 被选通输出。表 6.3.1 列出了 74LS153 的输入输出状态表。选通端 S 为高电平输出时被禁止；S 为低电平时，由 A、B 的状态决定输出的选通状态。

表 6.3.1　74LS153 功能表

选通 S	选择输入		数据输入				输出 Q
	A	B	D_0	D_1	D_2	D_3	
1	×	×	×	×	×	×	0
0	0	0	0/1	×	×	×	D_0（0/1）
0	0	1	×	0/1	×	×	D_1（0/1）
0	1	0	×	×	0/1	×	D_2（0/1）
0	1	1	×	×	×	0/1	D_3（0/1）

可以将四选一数据选择器扩展为八选一数据选择器（如图 6.3.2 所示），还可以扩展为更多位数据选择器。

数据选择器还有几种用途：

① 实现多路数据传送。多路数据选择器的输入端，通过选择控制，可将多路信号在不同时间内用同一通道传送。

② 变并行码为串行码。将被变送的并行码数据送到数据选择器的输入端，并使选择控

制按一定的编码顺序变化，就可以在输出端得到串行码。

③ 组成数码比较电路。将数据选择器改成数字比较电路是根据选择器的逻辑选择和运用巧妙的改造技术的结果。图 6.3.3 将两个四选一数据选择器构成一个一位数字比较器，数据输入端按图中的连线分别接 0 或 1，两个数据选择器的选择输入端 A、B 并联，并作为待比较的数据输入端。当 A>B 时，1Q=1；当 A<B 时，2Q=1；当 A=B 时，1Q 和 2Q 都为 0。这三种状态恰似数字比较器的三个输出端。

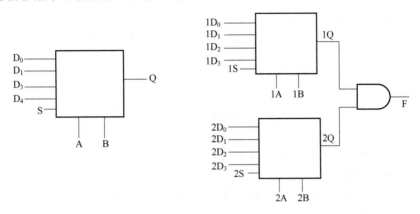

图 6.3.2 数据选择器及其扩展方法

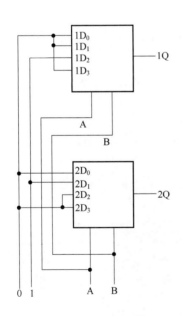

图 6.3.3 数据选择器构成数码比较电路   图 6.3.4 用四选一电路实现全加器

④ 实现逻辑函数。四选一数据选择器的输出函数为

$$F = \overline{A}\,\overline{B}D_0 + \overline{A}BD_1 + A\overline{B}D_2 + ABD_3$$

全加器是常用的算术运算电路，其逻辑函数为

$$S_n = \overline{A}\,\overline{B}C_{n-1} + \overline{A}B\overline{C_{n-1}} + A\overline{B}\,\overline{C_{n-1}} + ABC_{n-1}$$

$$C_n = A\overline{B}C_{n-1} + \overline{A}BC_{n-1} + AB$$

把 C_n 改写为标准式，即

$$C_n = \overline{A}\overline{B} \cdot 0 + A\overline{B}C_{n-1} + \overline{A}BC_{n-1} + AB \cdot 1$$

比较 S_n 和 C_n 函数表达式：

a. 对 S_n：

$$D_0 = C_{n-1}, \quad D_1 = D_2 = \overline{C_{n-1}}, \quad D_3 = C_{n-1}$$

b. 对 C_n：

$$D_0 = 0, \quad D_1 = D_2 = C_{n-1}, \quad D_3 = 1$$

依据这个设计可画出逻辑图如图 6.3.4 所示。对于任何三变量函数都可用四选一数据选择器来实现，而对于四变量的逻辑函数可采用八选一数据选择器来实现。多于四变量的可用两级数据选择器来实现。

⑤ 数据选择器还可用来实现脉冲发生电路、码间变换电路等。

6.3.4 实验内容

① 根据真值表（表 6.3.1）验证 74LS153 的逻辑功能。

② 用 74LS153 实现如下函数，即

$$F = \overline{X}\overline{Y}Z + \overline{X}YZ + X\overline{Y}\overline{Z} + XY\overline{Z}$$

参考图 6.3.5 接线，列出实验数据表。

提示：用 74LS00 做非门；并令 $A = X, B = Y; 1D_0 = 1D_1 = Z; 1D_2 = 1D_3 = \overline{Z}$。

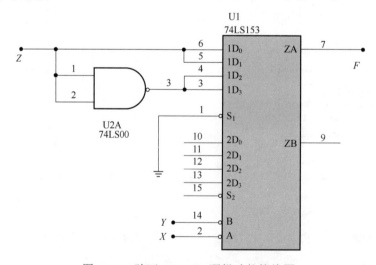

图 6.3.5 验证 74LS153 逻辑功能接线图

③ 用 74LS153 做一个一位数据比较器对 A、B 两个一位数进行比较。参考图 6.3.6 接线，

验证其功能列表并记录实验结果。

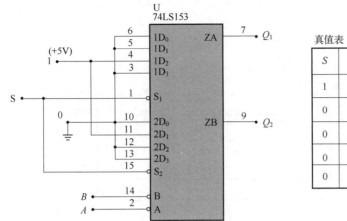

图 6.3.6　由 74LS153 构成一位数据比较器

6.3.5　思考题

① 说明数据选择器的地址输入端和选通端各有什么作用？
② 用数据选择器设计组合逻辑电路，一般适用于哪些情况？

6.4　编码和译码电路的应用

6.4.1　实验目的

① 加深理解编码器和译码器的工作原理。
② 掌握编码器和译码器的使用方法。

6.4.2　实验设备及元器件

① 直流稳压电源 1 台。
② 双踪示波器 1 台。
③ 数字万用表 1 台。
④ 集成电路 LC5011-11（共阴 LED 显示器）、74LS147（优先编码器）、CD4511（BCD 七段译码器、正逻辑）、74LS138（3 线-8 线译码器，输出低电平有效）各 1 片。

6.4.3　实验原理

（1）编码器

数字系统只能处理二进制，因此需要一种电路，将有特定意义的输入信号变换成相应的二进制代码，这种电路称为编码器。例如计算机键盘就是一个编码器，它可将文字型和数字型的信息转换成计算机可以识别的代码。编码器分通用编码器和优先编码器两大类。

优先编码器的优点是：允许编码器同时输入两个以上的编码信号，按照优先级别的先后依次分别给予编码。74LS147 是一个优先编码器电路，图 6.4.1 是其引脚图，表 6.4.1 是它的输入输出状态表。

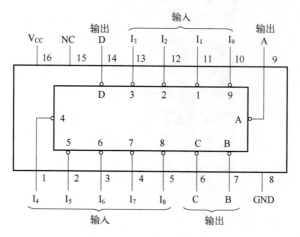

图 6.4.1　74LS147 引脚图

图 6.4.1 中 $I_1 \sim I_9$ 为输入端，D、C、B、A 为输出端。74LS147 将 9 条数据线进行 4 线 BCD 编码，输出端所显示的是 BCD 码的反码。如果把输出码译为原码，就很方便地理解该编码器是如何将十进制数变为 BCD 码的。当输入端 $I_1 \sim I_9$ 均为高电平时，输出状态为 1111，译为原码应是十进制的 0。故不需单设 I_0 输入端。只有当输入端出现低电平时，输出状态才发生变化。输入端中优先级别最高的是 I_9，当 I_9 为低电平时，不管其他各端输入状态是什么，输出仅由 I_9 决定。其他的优先级别依次为 I_8、I_7、I_6……I_1 为最末级。一般的中规模以上的集成电路都设使能端，有的不仅有使能端输入，还有使能端输出，而 74LS147 没有使能端，看其引脚图时应当加以注意。

表 6.4.1　74LS147 输入输出状态表

输入									输出			
I_1	I_2	I_3	I_4	I_5	I_6	I_7	I_8	I_9	D	C	B	A
1	1	1	1	1	1	1	1	1	1	1	1	1
0	1	1	1	1	1	1	1	1	1	1	1	0
×	0	1	1	1	1	1	1	1	1	1	0	1
×	×	0	1	1	1	1	1	1	1	1	0	0
×	×	×	0	1	1	1	1	1	1	0	1	1
×	×	×	×	0	1	1	1	1	1	0	1	0
×	×	×	×	×	0	1	1	1	1	0	0	1
×	×	×	×	×	×	0	1	1	1	0	0	0
×	×	×	×	×	×	×	0	1	0	1	1	1
×	×	×	×	×	×	×	×	0	0	1	1	0

（2）译码器

译码器的功能与编码器相反，它对给定的输入代码进行"翻译"，以表示编码时赋予的原意。译码器不仅可用于数字显示，还可以用于代码转换、数据分配、存储器寻址和组合控制信号等方面。译码器分两大类：通用译码器和显示译码器。

通用译码器包括变量译码器和代码变换译码器。例如 3 线-8 线译码器、4 线-10 线译码器等变量译码器，属于 n 线-2^n 线译码器范畴，它们的输入变量有 n 个，其组合最多有 2^n 个不同组态，相应地最多有 2^n 个输出端供译码选用，而且每个输出端的函数对应于 n 个输入变量的一个最小项或者最小项的反码。代码变换译码器是指二进制-十进制译码器。常用的74LS138 是一种 3 线-8 线译码器，其引脚如图 6.4.2 所示。三个输入端 C、B、A 为地址输入端，Y0～Y7 为译码器输出，有三个使能输入端 G2A、G2B 和 G1。当 G2A 与 G2B 均为 0，且 G1 为 1 时，译码器处于工作状态。当使能端 G1 为低电平，或 G2A、G2B 中一个为高电平时，译码器被禁止，输出端全部为 1。

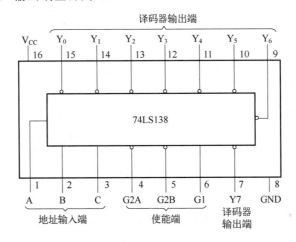

图 6.4.2　74LS138 引脚图

显示译码器是最常用的译码器，是显示电路的核心器件。TTL 显示译码器分共阳和共阴两种，可驱动 LED 七段显示器和数码管；CMOS 显示译码器则无共阳共阴之分，通常用于交流电路，一般只能驱动液晶显示器 LCD。图 6.4.3 所示 74LS49 和 74LS47 是与 LED 七段显示器配合使用的译码电路，它们是按输出低电平有效而设计的，要配合共阳的 LED 显示器。另外 74LS48 和 74LS49 则不同，74LS48 是按输出高电平有效而设计的，主要用于驱动共阴 LED 显示器，输出为 1 时输出端电压有 2.4～3.4V，可使 LED 发光。除了 74LS48 以外，这些显示译码器几乎都是 OC 门输出，工作时须连接上拉电阻，可通过调整上拉电阻值来调整显示器的亮度。LED 显示器连接使用时，上拉电阻一般取 330Ω 或 470Ω。上拉电阻电源最高可达15V，一般用于驱动充气数码电子管。74LS48 属于半 OC 门输出，电路内部已有标值 2kΩ 的上拉电阻，可直接与 LED 显示器连用。

显示译码电路一般还有一些特殊功能引脚，如 LT 为试灯（lamp-test）端，RBI 为灭零输入（ripple-blanking input）端，RBO 为灭零输出（ripple-blanking output）端。当 LT 接地时，各输出端使 LED 导通发光，可以用来检验译码器和显示器的好坏。RBI 和 RBO 的作用是在多位计数显示电路中消去高位零和保留最低位零。

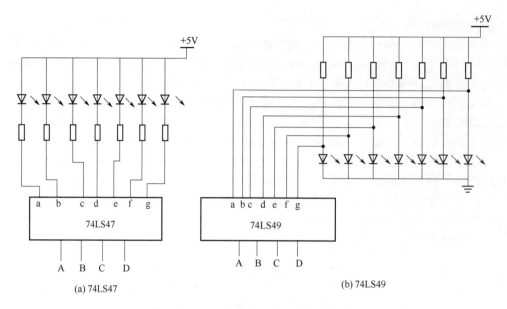

(a) 74LS47

(b) 74LS49

图 6.4.3　74LS47 和 74LS49 应用电路

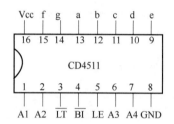

图 6.4.4　CD4511 引脚图

表 6.4.2　CD4511 真值表

输入							输出							
LE	$\overline{BI}$	$\overline{LT}$	A4	A3	A2	A1	a	b	c	d	e	f	g	显示
×	×	0	×	×	×	×	1	1	1	1	1	1	1	B
×	0	1	×	×	×	×	0	0	0	0	0	0	0	
0	1	1	0	0	0	0	1	1	1	1	1	1	0	0
0	1	1	0	0	0	1	0	1	1	0	0	0	0	1
0	1	1	0	0	1	0	1	1	0	1	1	0	1	2
0	1	1	0	0	1	1	1	1	1	1	0	0	1	3
0	1	1	0	1	0	0	0	1	1	0	0	1	1	4
0	1	1	0	1	0	1	1	0	1	1	0	1	1	5
0	1	1	0	1	1	0	0	0	1	1	1	1	1	6
0	1	1	0	1	1	1	1	1	1	0	0	0	0	7
0	1	1	1	0	0	0	1	1	1	1	1	1	1	8
0	1	1	1	0	0	1	1	1	1	0	0	1	1	9

输入						输出							显示
LE	$\overline{BI}$	$\overline{LT}$	A4	A3	A2	A1	a	b	c	d	e	f	g	

LE	$\overline{BI}$	$\overline{LT}$	A4	A3	A2	A1	a	b	c	d	e	f	g	显示
0	1	1	1	0	1	0	0	0	0	0	0	0	0	
0	1	1	1	0	1	1	0	0	0	0	0	0	0	
0	1	1	1	1	0	0	0	0	0	0	0	0	0	
0	1	1	1	1	0	1	0	0	0	0	0	0	0	
0	1	1	1	1	1	0	0	0	0	0	0	0	0	
0	1	1	1	1	1	1	0	0	0	0	0	0	0	

CD4511 是一个用于驱动共阴 LED 数码管显示器的 BCD 七段译码器，具有 BCD 转换、消隐和锁存控制、七段译码及驱动功能，可直接驱动 LED 显示器。CD4511 真值见表 6.4.2，其引脚见图 6.4.4。3 脚是测试输入端，当 $\overline{LT}$=0 时，不管其他输入端状态如何，译码输出全为 1，不管输入 D、C、B、A 状态如何，七段均发亮，显示 "8"，它主要用来检测数码管是否损坏。4 脚是消隐输入控制端，当 $\overline{BI}$=0，$\overline{LT}$=1 时，七段数码管均处于熄灭（消隐）状态，不显示数字。选通/锁存极 LE 是一个复用的功能端。当输入为低电平时，其输出与输入的变量有关；当输入为高电平时，其输出为该端高电平前的状态，并且不管输入端 D、C、B、A 如何变化，其显示数值保持不变。D、C、B、A 为 8421BCD 码输入，D 位为最高位。a、b、c、d、e、f、g 为译码输出端，高电平有效，故其输出与共阴极的数码管相对应。CD4511 的内部有上拉电阻，在输入端与数码管输入端接限流电阻就可工作。

数码显示器是可以显示数字、字母或符号的器件。较早期的有辉光数码管，现在使用较多的是半导体发光二极管 LED 构成的七段显示器，如图 6.4.5 所示。七段显示器七个二极管的正极连在一起接电源正极的，称为共阳型，相应地要配置共阳型译码器。如果七个 LED 的负极连在一起共接电源的 "地"，则为共阴型，要配置共阴型译码器。

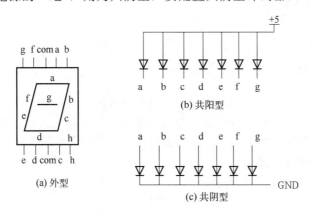

图 6.4.5 LED 七段显示器

6.4.4 实验内容

实验时要认真辨别集成芯片的引脚位置，接线时要特别注意电源的位置和极性，以免损坏集成芯片。

① 用实验方法验证 74LS147 优先编码器的真值表（参考表 6.4.1）。

② 将 CD4511 的 A1、A2、A3、A4、$\overline{LT}$、$\overline{BI}$ 和 LE 端接 0/1 开关，a、b、c、d、e、f、g 各段接 LED 0/1 显示器。列表记录输入、输出状态（参考表 6.4.2 CD4511 真值表）。

③ 将 CD4511 与共阴 LED 数码管相连，数码管公共端接地。验证 $\overline{LT}$、$\overline{BI}$ 和 LE 的功能；列表记录 A4A3A2A1 输入 0000～1001 码时数码管显示的数字。

④ 通用译码器做数据分配器实验。将 74LS138 的 A、B、C 作为地址线，G1 作为数据输入线（G2A、G2B 接地），地址在 000～111 之间变化，记录 Y0～Y7 的输出状态。

a. G1 端输入单次脉冲，输出端 Y0～Y7 接 LED（0/1）显示灯。

b. G1 端输入 1kHz 的连续脉冲信号，用示波器观察各输出端，将输出波形画在坐标纸上。

6.4.5 思考题

① 对实验结果进行分析，验证逻辑功能。

② 译码器和编码器的用途是什么？它们有何区别。

6.5 组合逻辑电路的设计

6.5.1 实验目的

① 掌握用基本逻辑门电路进行组合逻辑设计的基本方法。

② 熟悉组合逻辑电路的实验调试方法，提高应用能力。

6.5.2 实验设备及元器件

① 直流稳压电源 1 台。

② 双踪示波器 1 台。

③ 集成电路：74LS83（四位二进制全加器）×1，74LS85（四位数字比较器）×2，74LS00×2。

6.5.3 实验原理

在数字系统中，按逻辑功能的不同，可将电路分成两大类。一类称为组合逻辑电路，另一类称为时序逻辑电路。组合逻辑电路是指输出信号与所加输入信号的先后次序无关，其输出状态仅取决于该时刻输入状态的组合，与该时刻信号作用之前的状态无关。

组合逻辑电路的设计步骤如下：

① 根据题目的设计要求列出真值表；

② 将真值表填入卡诺图，由卡诺图列出逻辑表达式并进行化简；

③ 根据给定的逻辑元件画出可以实现的逻辑原理图，在实验箱上连线，按要求输入信号，并检验其是否符合设计要求。

对于一个题目的设计，可以有多种电路结构予以实现。在实际应用中，往往还要考虑经济、时间、电路结构复杂程度等诸多因素。一方面要用最少的逻辑门、尽可能少的集成电路，并充分利用扇出系数等。另一方面还要考虑电路的可靠性，复杂电路中要防止冒险现象，可能还要多用几个门来提高电路的对称性。如果门电路的两个输入信号向相反的逻辑电平跳变，其输出端就有可能产生干扰脉冲，或因经过的通道不同，其延迟时间不一致，导致输出信号瞬间出错，使输出信号出现毛刺。这就是竞争-冒险现象。如果输出信号送到时序电路，会导致错误的逻辑信号。这在速度低的电路中影响不大，在高速电路中绝不可掉以轻心。

（1）四位二进制全加器

一个异或门就是一个半加器，两个异或门和一个与非门可以构成一位全加器。所谓全加器就是既可接受低位进位又能向高位进位的加法电路。集成电路 74LS83 是四位二进制超前进位全加器，其引脚排列见图 6.5.1。A1、A2、A3、A4 和 B1、B2、B3、B4 分别为加数和被加数；Σ1、Σ2、Σ3、Σ4 为和数；C0 为低位进位，C4 为本位进位。

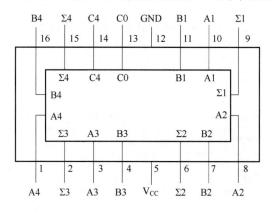

图 6.5.1　74LS83 引脚图

用 74LS83 构成的四位二进制全加器见图 6.5.2。其中，A4A3A2A1 为一个加数，B4B3B2B1 为另一个加数。C0 为低位来的进位，C1、C2、C3 为内部进位，C4 为最后向高位的进位，采用这种进位方式就是串行进位。

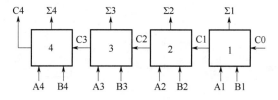

图 6.5.2　串行进位的四位全加器

（2）四位数字比较器

数字电路经常要对两个二进制数进行比较和判别，完成这个功能的集成电路就是数字比较器，TTL 集成电路 74LS85 就是这样一个四位数字比较器。图 6.5.3 是两片 74LS85 扩展成 8 位数字比较器的电路。当两个高位数值不同时，高位比较器输出为比较结果。如果两个高位数值相同，这时第一片低位比较器起作用。图 6.5.3 中 A0、A1、A2、A3 和 B0、B1、B2、B3 为数据输入端，$F_{A<B}$、$F_{A=B}$、$F_{A>B}$ 为输出端。当 A<B 时，$F_{A<B}=1$；当 A>B 时，$F_{A>B}=1$；当 A=B 时，$F_{A=B}=1$。$I_{A<B}$、$I_{A=B}$、$I_{A>B}$ 是三个级联输入端，供来自低位数据比较结果输入，以便可以组成更多位的数据比较器。当这 3 个低位比较结果输入端不用时，$I_{A<B}$ 和 $I_{A>B}$ 应接 0 电平，$I_{A=B}$ 应接 1 电平。

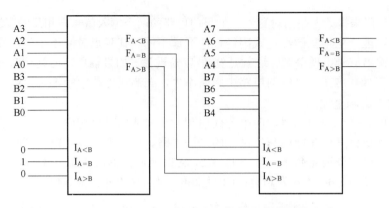

图 6.5.3　两片 74LS85 扩展成 8 位数字比较器的电路

6.5.4　实验内容

① 用四二输入与非门 74LS00 设计一个无弃权表决器，在四人或三人表决为 1 时通过，否则不通过。按组合电路设计要求写出真值表、卡诺图、逻辑函数表达式、逻辑电路图和接线图，参考图 6.5.4 用实验方法验证设计结果。

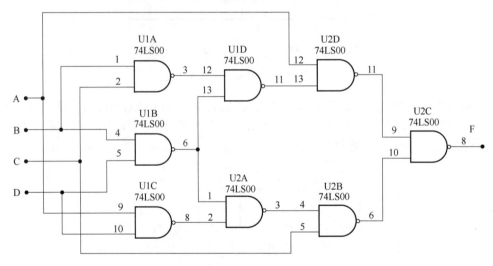

图 6.5.4　四人表决电路

② 用 74LS83 构成一个四位二进制全加器（参考电路图 6.5.2），实现 7+6+0、8+9+1 的计算该全加器所能进行运算的最大值是多少？

③ 用实验验证 74LS85 四位数字比较器的功能，用两块 74LS85 构成一个八位数字比较器（参考图 6.5.3），列表记录实验结果。

6.5.5　思考题

① 对实验步骤、实验电路及实验数据进行记录与整理，并分析得出结论。

② 能否用两块 74LS83 构成八位二进制加法器，实现 198+156+0 的计算？

6.6　触发器

6.6.1　实验目的

① 了解触发器的逻辑功能及特性。
② 学习基本 RS 触发器、D 触发器、JK 触发器的逻辑功能与测试方法。
③ 熟悉触发器之间相互转换的方法。

6.6.2　实验设备与元器件

① 直流稳压电源 1 台。
② 双踪示波器 1 台。
③ 集成电路：74LS00、74LS74 双 D 触发器、74LS76 双 JK 触发器各 1 片。

6.6.3　实验原理

在复杂的数字电路中，不仅需要对二值信号进行算术运算和逻辑运算，还经常需要将这些信号和运算结果保存起来。触发器是具有记忆功能的二进制信息存储器，是时序逻辑电路的基本逻辑单元，它既可用于信息的寄存，也可用于计数。锁存器也是触发器的一种，由于它不能克服空翻现象，只能用于信息的寄存。触发器可以用基本门电路来构成，这有利于理解它的基本原理，采用已集成化的器件是应用的主要方向。

（1）基本 RS 触发器

图 6.6.1 是两个与非门组成的基本 RS 触发器，它有两个输入端 R、S 和两个输出端 Q、$\overline{Q}$。

它的特征方程是

$$Q_{n+1} = \overline{\overline{S}\ \overline{Q_n}}$$

$$\overline{Q_{n+1}} = \overline{\overline{R}\ \overline{Q_n}}$$

其约束条件是

$$R + S = 1$$

这里的 R 即表示 Reset（复位），S 表示 Set（置位）。表 6.6.1 是基本 RS 触发器的真值表。当 $R=1$，$S=0$ 时，输出端 Q 为 1；当 $R=0$、$S=1$ 时，$Q=0$。由于触发器结构的对称性，这两种状态有稳定的输出状态相对应。当 $R=1$、$S=1$ 时，Q 和 $\overline{Q}$ 保持原有状态不变，即原有状态被储存起来，这体现了触发器的记忆功能（即锁存能力）；如果 $R=0$、$S=0$，其输出状态变化不定，这种情况应当避免，这就是约束条件所表达的含义。

表 6.6.1　基本 RS 触发器真值表

R	S	Q	$\overline{Q}$
1	0	1	0

续表

R	S	Q	$\overline{Q}$
0	1	0	1
1	1	不变	不变
0	0	1	1

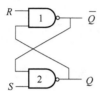

图 6.6.1　基本 RS 触发器

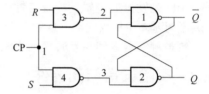

图 6.6.2　时钟型 RS 触发器

由于基本 RS 触发器进入的信号无法进行控制，可采用时钟型 RS 触发器，其结构如图 6.6.2 所示，由四个与非门组成。时钟信号 CP=1 使与非门 3 和与非门 4 打开，$\overline{R}$、$\overline{S}$ 输入的信号才能通过门 3 和门 4，使门 1 和门 2 翻转，Q 和 $\overline{Q}$ 跳变。它的特征方程为

$$Q_{n+1} = S + \overline{R}Q_n$$

约束条件是

$$RS = 0$$

时钟型 RS 触发器的缺点是当 $CP \geqslant 3t_{\text{dp}}$ 时容易产生空翻现象。集成 RS 触发器则克服了以上两种触发器的缺点，当然其结构复杂得多。

（2）D 触发器

D 触发器在时钟脉冲 CP 的作用下，具有置 0 和置 1 的功能。图 6.6.3 为双 D 触发器 74LS74 引脚图和 D 触发器逻辑符号。74LS74 属于边沿触发器，并且是脉冲正沿触发翻转的。D 触发器有四个输入端 $\overline{S_D}$、$\overline{R_D}$、D 和 CP，有两个输出端 Q 和 $\overline{Q}$，其逻辑功能真值表见表 6.6.2。在时钟脉冲作用下，D 触发器的特征方程是

$$Q_{n+1} = D \quad (\overline{R_D} = 1, \overline{S_D} = 1)$$

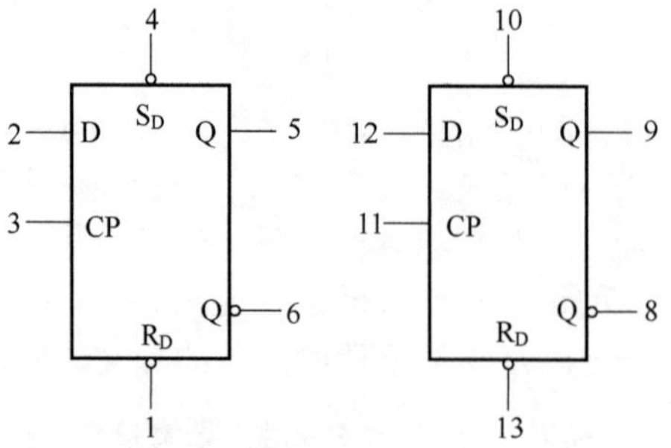

V_{CC}=PIN14

GND=PIN7

图 6.6.3　双 D 触发器 74LS74

表 6.6.2　D 触发器 74LS74 真值表

$\bar{S}_D$	$\bar{R}_D$	D	Q	$\bar{Q}$
L	H	×	H	L
H	L	×	L	H
L	L	×	H	H
H	H	H	H	L
H	H	H	L	H

（3）JK 触发器

JK 触发器是功能完善、使用灵活和通用性较强的一种触发器。图 6.6.4 为 JK 触发器逻辑符号。它的输入端为 $\bar{R}$、$\bar{S}$、J、K 和时钟 CP，输出端为 Q 和 $\bar{Q}$。JK 触发器的特征方程是

$$Q_{n+1} = J\bar{Q_n} + \bar{K}Q_n \quad (\bar{R}=1, \bar{S}=1)$$

表 6.6.3 为 JK 触发器真值表，只有在置位端 $\bar{S}$ 和清零端 $\bar{R}$ 皆为高电平时，时钟脉冲的下降沿到来，才能实现 JK 触发器的功能。

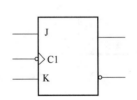

图 6.6.4　JK 触发器逻辑符号

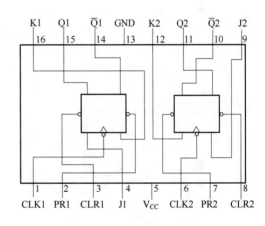

图 6.6.5　74LS76 逻辑符号

表 6.6.3　JK 触发器真值表

$\bar{S}$	$\bar{R}$	CP	J	K	Q_{n+1}	$\bar{Q}_{n+1}$
1	1	↓	0	0	Q_n	$\bar{Q_n}$
1	1	↓	0	1	0	1
1	1	↓	1	0	1	0
1	1	↓	1	1	触发	
1	1	1	×	×	Q_n	$\bar{Q_n}$

集成 JK 触发器有主从型和边沿触发型两大类，图 6.6.5 所示为 74LS76 逻辑符号。74LS76

是主从型下降沿触发双 JK 触发器，并各自带有清零端和置位端，分别标为 CLR 和 PR，低电平有效。使用集成芯片之前，应当认真查阅器件手册，了解器件功能要求，注意引脚排列，正负电源的位置，有无清零端和置位端，时钟端是公共的还是独立的，电参数能否满足设计要求。

（4）触发器之间的转换

集成触发器的产品每一种都有固定的逻辑功能，利用转换方法还可获得具有其他功能的触发器。如图 6.6.6 所示为 D 触发器构成 JK 触发器，以及将 JK 触发器改成 D 触发器的转换图。

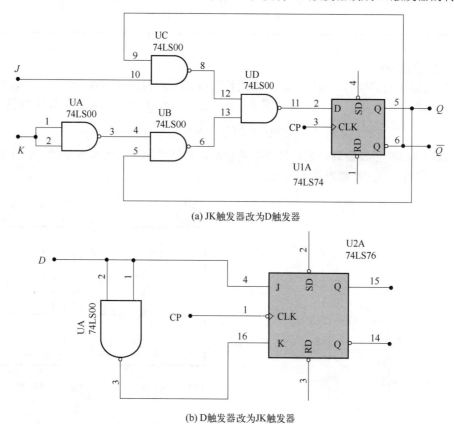

(a) JK触发器改为D触发器

(b) D触发器改为JK触发器

图 6.6.6　JK 触发器与 D 触发器之间的相互转换

6.6.4　实验内容

（1）RS 触发器的逻辑功能测试

用 74LS00 四二输入端与非门构成基本 RS 触发器（参考图 6.6.1），Q 连接 LED 显示，R、S 端由 0、1 开关控制，观测和记录 Q 的变化。用 74LS00 构成时钟型 RS 触发器（参考图 6.6.2），在 CP 为 1 和 0 两种情况下，观测和记录 Q 的变化。将时钟输入连续脉冲，用示波器的双通道观察输入、输出波形，分别控制 R、S 端，记录 Q 和 $\overline{Q}$ 的翻转时刻与 CP 的关系，结合测试结果总结 RS 触发器的特性。

（2）D 触发器的逻辑功能测试

用 74LS74 选其中任一触发器对 D 触发器的逻辑功能进行验证，参考图 6.6.3 接线；再由

CP 输入连续脉冲，分别控制 $D=1$，$D=0$，用示波器观察输出端 Q 的波形，注意观察触发翻转时刻，理解和掌握 D 触发器的特点。

（3）JK 触发器的逻辑功能测试

用 74LS76 双 JK 触发器中的任一触发器参考图 6.6.4 接线，按照 JK 触发器真值表（表 6.6.3）验证逻辑功能；由 CP 端输入连续脉冲，用示波器观察输出波形。

（4）JK 触发器与 D 触发器的相互转换

参考图 6.6.6 接线，按照触发器逻辑功能的测试方法进行验证。

6.6.5　思考题

① 整理实验数据，并对实验结果进行分析和讨论。

② 从实验中总结 RS 触发器、D 触发器、JK 触发器的用途，它们能作寄存器和计数器吗？

③ JK 触发器和 D 触发器都是边沿触发，它们的触发特性有何不同？

6.7　移位寄存器

6.7.1　实验目的

① 熟悉集成电路 74LS194 移位寄存器的逻辑功能及工作特点。

② 掌握移位寄存器的实验方法。

6.7.2　实验设备与元器件

① 直流稳压电源 1 台。

② 双踪示波器 1 台。

③ 集成电路：74LS74 双 D 触发器 1 片，74LS83 四位二进制全加器 1 片，74LS194 四位可预置双向移位寄存器 1 片，74LS175 四 D 触发器 1 片。

6.7.3　实验原理

具有移位功能的寄存器实质上是由多个触发器连接组成的时序逻辑电路，利用这一特征，将 D 触发器链形连接，每个 D 触发器的输出端与下一个触发器的输入端连接，时钟脉冲用同一信号同步控制，这便构成了一个串行移位寄存器，如图 6.7.1 所示。当数据送到 D1 时加一个时钟脉冲，数据由 Q1 输出，同时送到了 D2 端，下一个 CP 脉冲到来，数据向右又移动一位，当四个脉冲过后，数据送到最右的输出端。这种向右移动的寄存器，叫右移寄存器，改变电路的连接也可以构成左移寄存器。

双向移位寄存器：既可左向移位，又可以右向移位的寄存器，称作双向移位寄存器。74LS194 是最常见的四位集成可双向移动的移位寄存器。图 6.7.2 是它的外部引脚排列图，其逻辑功能见表 6.7.1。

其中 A、B、C、D 为并行输入端，QA、QB、QC、QD 为并行输出端；DSR 为右移串行输入端，DSL 为左移串行输入端，S0 和 S1 为控制功能端，$\overline{R_D}$ 为直接无条件清零端。当 S0=0，

S1=1 时，移位寄存器工作在左移状态，QA 为输出端；当 S0=1，S1=0 时，移位寄存器工作在右移状态，由 QD 输出；S0=S1=1 时并入并出；S0=S1=0 时则可保持数据。由于 S0、S1 可以很方便地控制输入和输出，因此利用对二者的控制，可以将并行输入的数据改成串行输出，也可以将串行输入的数据并行输出。

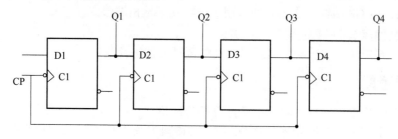

图 6.7.1　由 D 触发器构成的串行移位寄存器

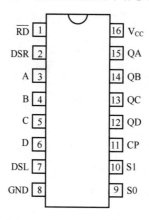

图 6.7.2　74LS194 引脚图

表 6.7.1　74LS194 逻辑功能表

$\overline{\text{RD}}$	S0	S1	功能
0	×	×	清零
1	1	0	串入右移
1	0	1	串入左移
1	1	1	并入并出
1	0	0	保持数据

　　两位移位寄存器中的数据相加，可以用并行累加的方法实现，也可以用串行累加的方式实现。串行累加的运算速度慢。串行累加电路结构简单，原理很明确，运算由低位开始，两个最低位相加，产生和数和进位数，次低位相加时还要把最低位的进位数加入，这样需要一个寄存器存放进位数，以后依次进位直至最高位。图 6.7.3 为一个串行累加器的实验电路。

　　图 6.7.3 中集成电路 74LS175 含四个 D 触发器的功能块，引脚排列如图 6.7.4 所示，真值表见表 6.7.2。四个触发器具有公共时钟端和公共清零端，可以方便地连接成四位移位寄存器。

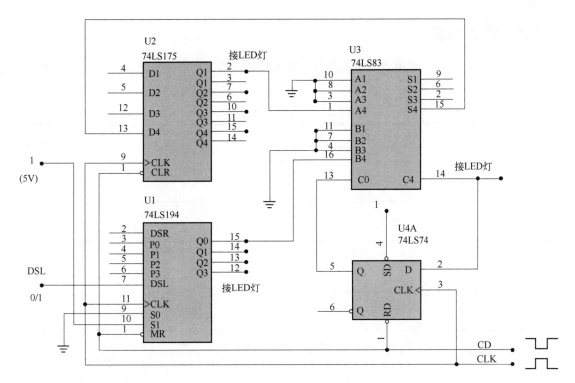

图 6.7.3　串行累加电路

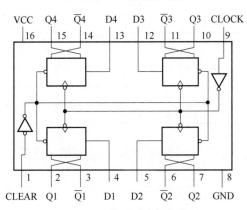

图 6.7.4　74LS175 引脚图

表 6.7.2　74LS175 真值表

输入		输出		
CLEAR	CLOCK	D	Q	$\overline{Q}$
L	×	×	L	H
H	↑	H	H	L
H	↑	L	L	H
H	L	×	Q_0	$\overline{Q}_0$

注：Q_0、$\overline{Q}_0$ 表示保持功能。

143

6.7.4 实验内容

① 将 74LS175 电路接成一个右移串行移位寄存器，实验电路参考图 6.7.1，并按表 6.7.3 验证逻辑功能。

表 6.7.3 右移寄存器状态表

R	S	CP	Q1	Q2	Q3	Q4
0	×	×	0	0	0	0
1	1	↑	a1	0	0	0
1	1	↑	a2	a1	0	0
1	1	↑	a3	a2	a1	0
1	1	↑	a4	a3	a2	a1

注：后 3 行的结果是分别在前一个结果的基础上得到的。

② 验证 74LS194 电路功能，结果填入表 6.7.4。

表 6.7.4 74LS194 功能验证表

操作序号	$\overline{RD}$	S1	S0	DSL	DSR	CP	A	B	C	D	Q_A	Q_B	Q_C	Q_D
1	0	×	×	×	×	×	×	×	×	×	0	0	0	0
2	1	1												
3	1	1												
4	1	0												
5	1	0												
6	1	1												
7	1	1												
8	1	0												
9	1	0												

③ 用图 6.7.3 所给串行累加器实现逻辑功能，自拟三组数据进行累加运算，记录实验结果。

6.7.5 思考题

① 总结 74LS194 的逻辑功能和实验的注意事项。

② 利用本实验提供的元器件设计一个既能做加法运算，又能做减法运算，并能存储数据的算术电路，并用试验加以验证。

6.8 集成计数器

6.8.1 实验目的

① 学习用集成触发器设计计数器的方法。

② 掌握十进制计数器的性能和实现任意进制的方法。

③ 了解锁存器在计算显示中的应用。

6.8.2 实验设备与元器件

① 直流稳压电源 1 台。

② 双踪示波器 1 台。

③ 集成电路：74LS00 四二输入与非门×1，74LS76 双 JK 触发器×2，74LS90 异步二-五-十进制计数器×2，74LS75 双 2 位锁存器×1。

④ 译码及显示电路。

6.8.3 实验原理

计数器是一种用以实现计数功能的时序逻辑电路，它不仅可以用来计数，还常用于实现数字系统的定时和分频等逻辑功能。计数器的分类方法较多，根据时钟脉冲作用的方式不同，可以分为同步计数器和异步计数器；根据计数器中数字的编码方式不同，可分为二进制计数器、十进制计数器和任意进制计数器；根据计数的增减趋势，还可分为加法计数器、减法计数器和可逆计数器。

由 JK 触发器可以比较简单地构成异步二进制计数器，图 6.8.1 是用四个 JK 触发器构成的四位计数器。第一个触发器的输出端连接第二个触发器的输入端，时钟脉冲送入计数器 A 的 CP 端，由 QA 推动计数器 B 的 CP 端，依次往下送，送完 8 个脉冲，QC 才有状态改变，送完 16 个脉冲 QD 才有一次输出，可以记录 2^4 个脉冲。

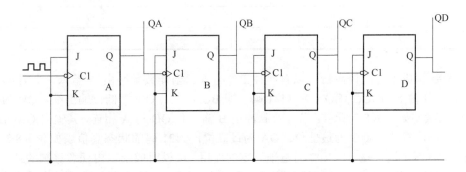

图 6.8.1 四位二进制异步计数器

由 JK 触发器也可构成四位同步二进制计数器，四个触发器的时钟统一由时钟脉冲控制，使触发器的状态翻转同步进行。同步计数器具有运算速度快的特点，但其电路结构比异步计数器要复杂一些。

集成电路 74LS90 是异步二-五-十进制计数器，其引脚排列如图 6.8.2 所示。

A 作为计数器的时钟输入端，输出端为 QA，构成二进制计数器；时钟输入端为 B，输出端由高到低依次为 QD、QC、QB，构成模 5 计数器；清零端 R0(1)、R0(2)同时为高电平，且置 9 端 R9(1)、R9(2)有一个为低电平时，执行清零功能，此时输出 0000；置 9 端 R9(1)、R9(2)同时为高电平，输出置 1001，它们的功能见表 6.8.1。

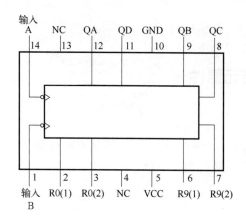

图 6.8.2　74LS90 引脚图

表 6.8.1　74LS90 功能表

复位输入				输出			
R0(1)	R0(2)	R9(1)	R9(2)	QD	QC	QB	QA
1	1	0	×	0	0	0	0
1	1	×	0	0	0	0	0
×	×	1	1	1	0	0	1
×	0	×	0	计数			
0	×	0	×	计数			
0	×	×	0	计数			
×	0	0	×	计数			

　　74LS90 构成十进制计数器可以有两种工作方式。当计数脉冲由 A 输入，并且 QA 与 B 相连接时，其输出 QDQCQBQA 为 8421 码（即 BCD 码），QA 为低位输出端，QD 为高位输出端，输出状态如表 6.8.2 所示。当计数脉冲由 B 输入且 QD 与 A 相连，其输出 QAQDQCQB 为 5421 码，注意这时 QB 为最低位，QA 为最高位，5421 码的状态真值表如表 6.8.3 所示。利用 74LS90 两个清零端 R01R02 高电平清零的作用，可以组成十以内任意进制的计数器，即利用输出端的高电平来控制计数器复位或清零。例如六进制（六分频）：在十进制十分频（8421 码）的基础上，将 QB 端接 R01，QC 端接 R02。其计数顺序为 000～101，当第六个脉冲作用后，出现状态 QCQBQA=110，利用 QBQC=11 反馈到 R01 和 R02 的方式使电路置"0"。

表 6.8.2　8421 码

计数 CP	QD	QC	QB	QA
0	0	0	0	0
1	0	0	0	1
2	0	0	1	0
3	0	0	1	1
4	0	1	0	0

续表

计数 CP	QD	QC	QB	QA
5	0	1	0	1
6	0	1	1	0
7	0	1	1	1
8	1	0	0	0
9	1	0	0	1

表 6.8.3　5421 码

计数 CP	QA	QD	QC	QB
0	0	0	0	0
1	0	0	0	1
2	0	0	1	0
3	0	0	1	1
4	0	1	0	0
5	1	0	0	0
6	1	0	0	1
7	1	0	1	0
8	1	0	1	1
9	1	1	0	0

　　计数器之间的级联：集成计数器电路一般含四位或八位二进制计数器，实际应用中如果需要更多位的计数器，就需要考虑计数器的级联问题，集成计数电路设计中一般都考虑级联问题，使用起来十分方便。

6.8.4　实验内容

　　① 根据时序电路的设计方法，用三位 JK 触发器设计一个八进制计数器。写出设计步骤，画出逻辑原理图，并用实验验证。参考电路如图 6.8.3 所示。

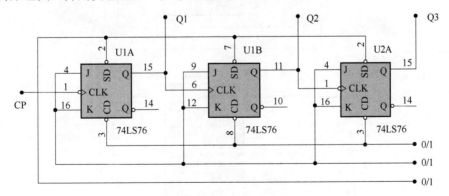

图 6.8.3　八进制计数器

　　接线完成后输入单次脉冲或低频连续脉冲，用二极管显示 0、1 状态，填写真值表和功能表（表格自拟）。

② 观察 7490 异步 BCD 码计数器的计数情况，参考图 6.8.4 接线，输入单次脉冲，把输出结果填入真值表中。

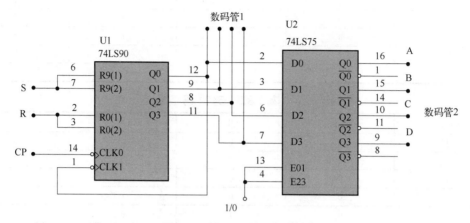

图 6.8.4　BCD 十进制计数器

Q0、Q1、Q2、Q3 分别与图 6.8.2 中的 QA、QB、QC、QD 对应，下同

输入频率 $f \geqslant 1\text{kHz}$ 的连续脉冲，用示波器分别观察时钟脉冲及 Q0、Q1、Q2、Q3 的波形并绘制波形图。

③ 将 74LS90 计数器与七段数码显示器连接显示十进制数，用强制置零法将 74LS90 接成六进制计数器和七进制计数器，参考图 6.8.5 接线，自拟表格记录实验结果。

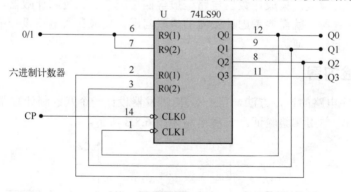

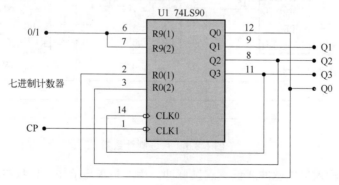

图 6.8.5　六进制计数器和七进制计数器

6.8.5　思考题

① 分析实验数据和波形等结果，并验证逻辑功能的正确性。

② 用同步清零端和异步清零端构成 N 进制计数器的区别是什么？

6.9　脉冲产生电路

6.9.1　实验目的

① 学习利用 TTL 与非门组成无稳态多谐振荡和单稳态触发器的基本方法。

② 了解影响脉冲信号周期的因素。

6.9.2　实验设备与元器件

① 直流稳压电源 1 台。

② 双踪示波器 1 台。

③ 集成电路：74LS00 与非门、74LS123 双单稳触发器各 1 片。

④ 其他元器件：9013 三极管 1 支，47kΩ可调电阻 1 支，1/4W 电阻 330Ω、1kΩ、2kΩ、10kΩ各 1 支，300pF、0.047μF、0.1μF 电容器各 1 支。

6.9.3　实验原理

在数字电路中常使用矩形脉冲作为信号进行信息传递，或作为时钟信号控制和驱动电路。自激多谐振荡器是不需外界作用就可以输出脉冲信号的矩形波发生器，另一类单稳态触发器，需要在外加信号的作用下输出具有一定宽度的矩形脉冲。

（1）多谐振荡器

将多个与非门首尾相连就可以构成一个环形振荡器，这就是一个脉冲产生电路。这种电路产生脉冲的宽度和频率，是由 TTL 电路的固有特性决定的，即 $T=6t_{pd}$。改变电路的振荡频率，延长传输时间的方法主要靠阻容电路的充放电来实现。因 RC 延迟作用远超过门电路本身的传输延迟，所以该电路可以忽略 t_{pd} 的影响，振荡周期可由下式估算，即 $T=2.2RC$。但为了使电路易于起振，一般 R 不能超过 1kΩ，这就限制了频率的调节范围。为了扩大调节范围，在设计上增加一个三极管，其具有高输入电阻和低输出电阻的特性，把它接成射极跟随器，可以展宽可变电阻 R 变化引起的作用，使输出信号的频率在较大范围内可调。图 6.9.1 是带有 RC 延迟电路的环形多谐振荡器电路，最后一个门电路作整形用可使输出波形更理想。

（2）单稳态触发电路

数字电路中有时需要产生很宽或很窄的脉冲，即脉冲的占空比不是 50%，例如清零信号或锁存信号就是很窄的脉冲。因此需要一种电路将普通的方波脉冲变换成宽或窄的脉冲，这种电路就是单稳态触发电路。

图 6.9.2 是用 TTL 与非门构成的微分式单稳态触发电路，其中两个与非门是触发器，R2、R3 和 C2 构成输入微分电路，适当选择 R 与 C 的大小，可以控制脉冲的宽度。

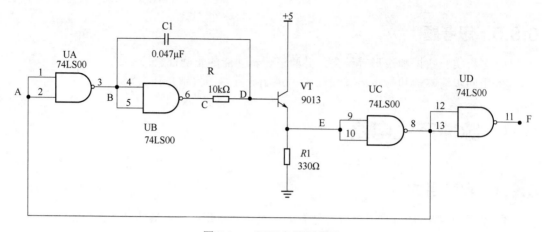

图 6.9.1 环形多谐振荡器

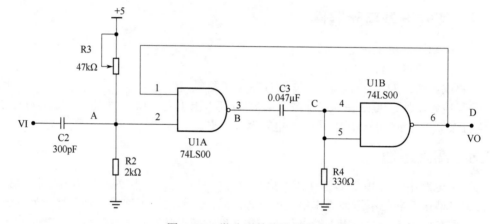

图 6.9.2 微分型单稳态触发器

触发器在没有触发时，门 2 的输出为高态 "1"，反馈到门 1 的输入端也为 "1"。门 1 另一个输入端的状态由输入微分电路决定，可以是 "0"，也可以是 "1"，这就取决于 R2 值的选择。R2 很小时相当于 "0" 态，较大时可以为 "1" 态。当微分电路的时间常数 τ 小于输入脉宽时，输入的方波在微分电路输出端形成正负两个尖脉冲。如果门 1 的这个输入端稳态时为 "0"，微分产生的正向尖脉冲起作用，使 "0" 瞬间变成 "1"，门 1 的输出由 "1" 变为 "0"，这就是脉冲的上升沿触发。同理，如果 R2 使门 1 的这个输入端稳态时为 "1"，微分的负向尖脉冲起作用，使 "1" 变为 "0"，门 1 的输出由 "0" 上升到 "1"，这是触发脉冲下降沿触发。所以单稳态触发器也是一种边沿触发器，选择上升沿触发还是下降沿触发，主要是设计微分电路中电阻的数值。

数字集成电路 74LS123 是含有两个单稳态触发器的集成块，它的引脚如图 6.9.3 所示，输入、输出状态转换如表 6.9.1 所示。使用时须外接电阻和电容，RC 值的大小与输出脉宽的关系为

$$T_{\mathrm{w}} = KRC$$

当 $C \gg 1000\text{pF}$，$R=1\text{k}\Omega$ 时，$K \approx 0.37$。

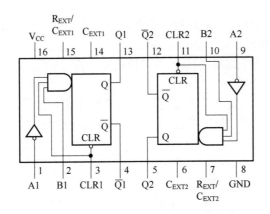

图 6.9.3 74LS123 双可重触发的单稳态触发器

表 6.9.1 74LS123 功能表

输入			输出	
CLR	A	B	Q	$\overline{Q}$
L	×	×	L	H
×	H	×	L	H
×	×	L	L	H
H	L	↑	⊓	⊔
H	↓	H	⊓	⊔
↑	L	H	⊓	⊔

注：⊓=正脉冲，⊔=负脉冲。

6.9.4 实验内容

① 设计一个多谐振荡器，参考电路图 6.9.1，晶体管采用 9013，与非门采用 74LS00。按

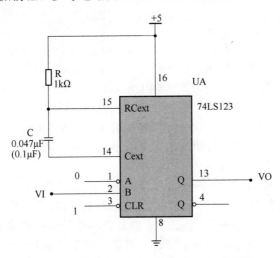

图 6.9.4 74LS123 单稳态触发器实验电路

图接线使电路稳定起振，用示波器观察并记录各个与非门输入与输出波形、幅度和频率。计算 R、C 的取值与振荡器输出信号周期的关系。

② 设计一个微分式单稳态触发器，电路接线参考图 6.9.2，观察记录每个与非门输入端、输出端波形，测量暂态恢复时间 T_w。

③ 参考图 6.9.4 所示实验电路插接电路，当 R 取 1kΩ，C 分别取 0.047μF 和 0.1μF 时，测量单稳态的暂态恢复时间，按比例把输入脉冲波形图和输出脉冲波形图画出来。

6.9.5 思考题

① 整理测试数据，分析实验结果。

② 环形振荡器的振荡频率为什么难以降低且不易调节？

③ 单稳态电路输出信号的脉宽如何调节？

6.10 综合实验——抢答器

6.10.1 实验目的

① 学习数字电路中门电路、触发器、计数器等单元电路的综合运用。

② 了解抢答器的工作原理。

③ 学会对比较复杂的电路系统进行设计和调试的方法。

6.10.2 实验设备与元器件

① 直流稳压电源 1 台。

② 双踪示波器 1 台。

③ 74LS00 与非门×1，74LS08 四二输入与门×2，74LS74 双 D 触发器×3，74LS193 同步四位二进制计数器×2，蜂鸣器（工作电压 DC3V）。

6.10.3 实验原理

设计制作四人抢答器控制电路，有 A、B、C 和 D 四个输入和对应的四个指示灯。该电路具有第一抢答信号鉴别和锁存功能。该电路主要由基本抢答器、有效声光指示器、计时器三部分构成。基本抢答器部分电路如图 6.10.1 所示，由 74LS74、74LS08 构成。在抢答后再重新开始，系统需复位，这里复位就是抢答开始的命令。计时器部分电路如图 6.10.2 所示，主要由 2 片 74LS193 同步十六进制计时器构成最大为 256 个单位的计时器。图 6.10.3 为 74LS193 引脚图。有效声光指示器如图 6.10.4 所示，由触发器、与非门、逻辑电平指示灯和蜂鸣器构成。

四人抢答器有 A、B、C 和 D 四个输入和对应的四个指示灯，当系统复位开关 RST（低电平有效）复位后开始抢答。第一个抢答者按下抢答键，与第一抢答者相对应的 LED 灯会亮并伴随声光指示，此时时钟电路停止倒计时，并封锁其他各组抢答信号，使电路不会再响应。不能超前抢答，超前抢答时对应的指示灯亮，而有效声光指示无反应。在无人抢答时，时钟电路完成倒计时后会有声光指示。

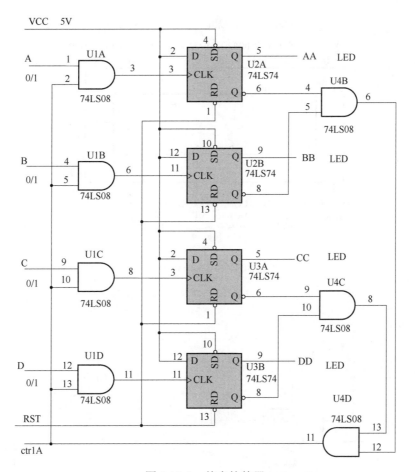

图 6.10.1 基本抢答器

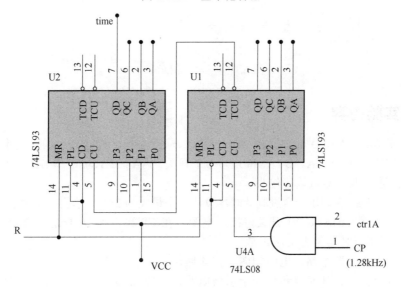

图 6.10.2 计时器

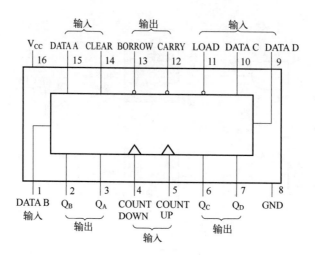

图 6.10.3　74LS193 引脚图

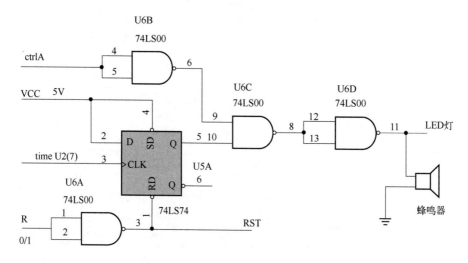

图 6.10.4　声光指示器

6.10.4　实验内容

① 用 2 片 74LS74 双 D 触发器和 74LS08 四二输入与门，构成一个四人基本抢答器。按图 6.10.1 连接电路，RST、A、B、C 和 D 接 0/1 开关，AA、BB、CC 和 DD 接 LED 指示灯，ctrlA 悬空，接通电源，测试抢答结果。

② 用 2 片 74LS193 同步十六进制计时器设计一个最大为 256 个单位的计时器。按图 6.10.2 所示连接电路，R 和 ctrlA 接 0/1 开关，接通电源，在 CP 端输入 10Hz 脉冲观察 LED 指示灯的变化情况，判断计时器是否工作正常。

③ 连接声光指示器电路，电路如图 6.10.4 所示。

④ 将基本抢答器、计时器和声光指示器电路，参照图 6.10.5 的系统框图连接起来构成一个系统。将时钟 CP 端接 2.56kHz 方波信号，再试验抢答结果。

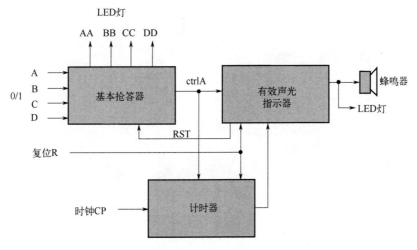

图 6.10.5　抢答器系统框图

6.10.5　思考题

① 分析抢答器各部分功能及工作原理。
② 总结数字系统的设计、调试方法。